乔长君　武振忠　编

图解

维修电工
快捷入门

TUJIE WEIXIU DIANGONG
KUAIJIE RUMEN

化学工业出版社

·北京·

图书在版编目（CIP）数据

图解维修电工快捷入门/乔长君，武振忠编. —北京：化学工业出版社，2017.6

ISBN 978-7-122-29529-3

Ⅰ．①图… Ⅱ．①乔…②武… Ⅲ．①电工-维修-图解 Ⅳ．①TM07-64

中国版本图书馆 CIP 数据核字（2017）第 086869 号

责任编辑：高墨荣	文字编辑：孙凤英　毛亚囡
责任校对：边　涛	装帧设计：刘丽华

出版发行：化学工业出版社（北京市东城区青年湖南街 13 号　邮政编码 100011）

印　　刷：北京云浩印刷有限责任公司

装　　订：三河市骗发装订厂

850mm×1168mm　1/32　印张 7½　字数 212 千字

2017 年 8 月北京第 1 版第 1 次印刷

购书咨询：010-64518888（传真：010-64519686）　售后服务：010-64518899

网　　址：http://www.cip.com.cn

凡购买本书，如有缺损质量问题，本社销售中心负责调换。

定　价：29.00 元

前言

随着科学技术的不断进步，电气化程度正在日益提高，各行各业的电气维修工作人员也在迅速增加，维修电工的工作任务决定了其以实践性为主的工作属性，维修电工初学者只有不断加强操作技能的学习与训练，才能在实践中练就过硬的本领，迅速提高自己的技能水平。怎样把书本上的知识应用于生产实践，把眼花缭乱的图形符号变为手中的一招一式，是每个初学者经常遇到的难题。为了满足维修电工技能人员的学习需求，我们特编写了本书。

本书以大量的实际操作图配合深入浅出的语言，介绍了维修电工基本知识和基本技能，使读者一看就懂，一读就通。在编写过程中，重点突出图解的形式，力求图文并茂、文字简明，使广大读者在轻松的阅读中迅速掌握维修电工技术，提高技能水平。

本书包括常用工具和测量仪器仪表的使用、电动机、变压器、常用高低压电器、10kV以下架空线路、室内配线与照明安装和安全用电共7章，具体讲述电动机安装与修理，变压器安装、运行与维护，常见高低压电器的选用、安装及故障处理，室内线路安装、器具安装、照明安装等内容。

本书以图辅文，既体现实用性、典型性，又有新技术的融合，不仅可供维修电工和工程技术人员阅读，也可用于职业院校学生学习参考。

本书由乔长君、武振忠编写，赵亮、郭建、双喜、刘海河、杨春林、孙泽剑、马军、朱家敏、于蕾、杨滨宇对本书的编写提供了帮助，美术制作由韩朝、罗利伟、乔正阳完成，在此一并表示感谢。

由于水平有限，不足之处在所难免，敬请读者批评指正。

编者

目录

第1章 常用工具和测量仪器仪表的使用 1

1.1 常用工具的使用 ·· 1

  1.1.1 通用工具的使用 ·· 1

  1.1.2 安装工具的使用 ·· 10

  1.1.3 登高工具的使用 ·· 22

1.2 测量仪器仪表的使用 ··· 27

  1.2.1 测量工具的使用 ·· 27

  1.2.2 常用电工仪表 ·· 29

第2章 电动机 34

2.1 感应电动机基本知识 ··· 34

  2.1.1 分类和用途 ·· 34

  2.1.2 交流感应电动机的结构 ································· 37

  2.1.3 铭牌 ··· 39

  2.1.4 三相交流感应电动机工作原理 ······················ 40

  2.1.5 单相感应电动机的结构与原理 ······················ 40

  2.1.6 三相异步电动机的选择 ································· 43

2.2 三相异步电动机的安装与接线 ····························· 44

  2.2.1 三相异步电动机的安装 ································· 44

  2.2.2 电动机引线的安装 ······································ 49

2.3 电动机的修理 ·· 50

  2.3.1 故障判断方法 ·· 50

  2.3.2 电动机修理的方法 ······································ 52

第3章 变压器 61

3.1 变压器的结构与工作原理 …………………………………… 61
3.1.1 变压器的结构 …………………………………………… 61
3.1.2 单相变压器工作原理 …………………………………… 62
3.1.3 技术参数 …………………………………………………… 62
3.2 配电变压器的安装 ……………………………………………… 64
3.2.1 配电变压器的选择 ……………………………………… 64
3.2.2 配电变压器的安装及要求 ……………………………… 66
3.3 配电变压器的运行与维护 …………………………………… 68
3.3.1 变压器的检查与运行 …………………………………… 68
3.3.2 变压器的维护与维修 …………………………………… 74

第4章 常用高低压电器 79

4.1 常用高压电器 …………………………………………………… 79
4.1.1 跌落式熔断器 …………………………………………… 79
4.1.2 高压隔离开关 …………………………………………… 83
4.2 常用低压电器 …………………………………………………… 87
4.2.1 刀开关 ……………………………………………………… 87
4.2.2 低压熔断器 ………………………………………………… 89
4.2.3 低压断路器 ………………………………………………… 93
4.2.4 接触器 ……………………………………………………… 98
4.2.5 热继电器 …………………………………………………… 102
4.2.6 控制按钮 …………………………………………………… 104

第5章 10kV 以下架空线路 107

5.1 架空线路的结构 ………………………………………………… 107
5.1.1 架空线路的组成 ………………………………………… 107
5.1.2 架空导线的种类与选择 ………………………………… 108
5.1.3 电杆的种类 ………………………………………………… 109
5.1.4 横担的种类 ………………………………………………… 110

5.1.5 绝缘子（瓷瓶）的种类 ······ 111
5.1.6 金具的种类 ······ 113
5.1.7 拉线的种类 ······ 120
5.2 架空线路的施工 ······ 122
5.2.1 电杆的安装 ······ 122
5.2.2 横担安装 ······ 133
5.2.3 绝缘子（瓷瓶）的安装 ······ 135
5.2.4 拉线的制作安装 ······ 136
5.2.5 安装导线 ······ 141
5.2.6 低压进户装置的安装 ······ 148
5.3 架空线路的运行与检修 ······ 152
5.3.1 架空线路的运行 ······ 152
5.3.2 架空线路的维护与检修 ······ 157

第6章 室内配线与照明安装 162

6.1 绝缘子（瓷瓶）线路安装 ······ 162
6.1.1 绝缘子定位、画线、凿眼和埋设紧固件 ······ 162
6.1.2 绝缘子线路的安装 ······ 163
6.1.3 导线安装 ······ 165
6.2 护套线配线 ······ 168
6.2.1 弹线定位 ······ 168
6.2.2 敷设导线 ······ 168
6.3 钢索配线 ······ 171
6.4 导线连接与绝缘恢复 ······ 175
6.4.1 导线的连接 ······ 175
6.4.2 导线绝缘恢复 ······ 180
6.5 器具位置确定 ······ 181
6.5.1 跷板（扳把）开关盒位置确定 ······ 181
6.5.2 插座盒位置确定 ······ 185
6.5.3 照明灯具位置确定 ······ 187
6.5.4 壁灯灯位盒位置确定 ······ 187
6.5.5 楼（屋）面板上灯位盒位置确定 ······ 188

  6.5.6 中间接线盒位置确定 ···················· 190

6.6 照明安装 ··· 190

  6.6.1 开关和插座安装 ···················· 190

  6.6.2 灯具吊装 ····························· 196

  6.6.3 壁灯的安装 ·························· 198

  6.6.4 灯具吸顶安装 ······················ 199

第7章 安全用电   203

7.1 安全用电 ··· 203

  7.1.1 保证安全的组织及技术措施 ········ 203

  7.1.2 各种作业中的安全规定 ············· 203

  7.1.3 电气防火 ····························· 212

  7.1.4 架空线路的防雷 ···················· 216

7.2 安全用电常识 ····································· 218

  7.2.1 用电注意事项 ······················ 218

  7.2.2 触电形式 ····························· 221

  7.2.3 脱离电源的方法和措施 ············· 223

7.3 触电救护方法 ····································· 224

  7.3.1 口对口（鼻）人工呼吸法步骤 ······ 224

  7.3.2 胸外心脏按压法步骤 ··············· 226

参考文献   228

第1章

⚡ 常用工具和测量仪器仪表的使用

1.1 常用工具的使用

1.1.1 通用工具的使用

（1）验电器

① 低压验电器　低压验电器简称电笔，有氖泡笔式、氖泡改锥式和感应（电子）笔式等，其外形如图 1-1 所示。

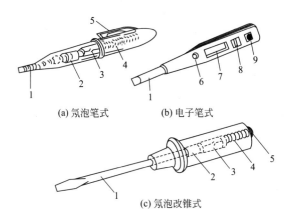

(a) 氖泡笔式　　(b) 电子笔式

(c) 氖泡改锥式

图 1-1　常用低压验电器

1—触电极；2—电阻；3—氖泡；4—弹簧；5—手触极；6—指示灯；

7—显示屏；8—断点测试键；9—验电测试键

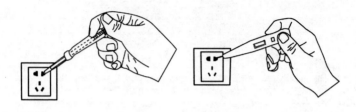

(a) 氖泡改锥式　　　　　　(b) 电子笔式

图 1-2　验电器的使用

低压验电器的正确握法如图 1-2 所示，使用时应注意手指不要靠近笔的触电极，以免通过触电极与带电体接触造成触电。

在使用低压验电器时还要注意检验电路的电压等级，只有在 500V 以下的电路中才可以使用低压验电器。

② 高压验电器　又称高压测电器，其外形如图 1-3 所示。10kV 高压验电器由探针、蜂鸣器、伸缩绝缘杆、氖管窗、护环和握柄组成。

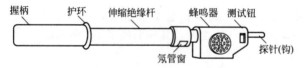

图 1-3　10kV 高压验电器外形

使用时用手握住护环，探针碰触带电体，有电时氖管发光并发出"有电危险"的提示音。使用步骤如图 1-4 所示。

使用注意事项：

a. 在雨、雪、雾或湿度较大的天气，不允许在户外使用，以免发生危险。

b. 验电器在使用前，要检查确认其性能是否良好。

c. 人体与带电体之间要有 0.7m 以上距离，检测时要小心防止发生相间短路或对地短路事故。

d. 验电时，必须佩戴符合要求的绝缘手套，要有专人在旁边监护，切不可单独操作。

（2）螺丝刀（螺钉旋具）

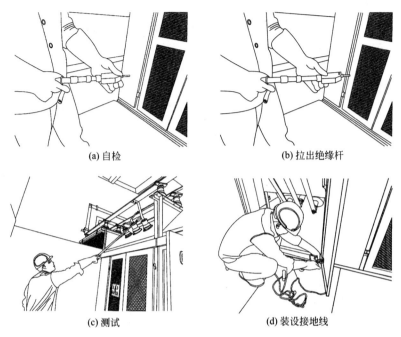

(a) 自检   (b) 拉出绝缘杆

(c) 测试   (d) 装设接地线

图 1-4   10kV 高压验电器的使用

螺丝刀又称改锥、起子，按照头部形状可分为一字形和十字形两种，是一种旋紧或松开螺钉的工具，如图 1-5 所示。

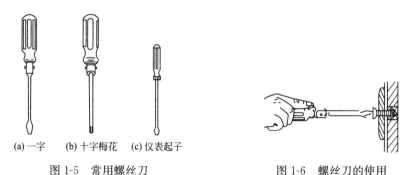

(a) 一字   (b) 十字梅花   (c) 仪表起子

图 1-5   常用螺丝刀   图 1-6   螺丝刀的使用

使用时食指压住木柄，其余四指握住木柄，如图 1-6 所示，用力转动螺丝刀，就可以把螺钉逐渐旋入。

使用注意事项：

① 电工不可使用金属杆直通柄顶的螺丝刀，否则易造成触电事故。

② 使用螺丝刀紧固或拆卸带电的螺钉时，手不得触及螺丝刀的金属杆，以免发生触电事故。

③ 使用螺丝刀时应使头部顶牢螺钉槽口，防止打滑而损坏槽口。

为了避免金属杆触及皮肤或临近带电体，应在金属杆上穿套绝缘管。

④ 使用时应注意选用合适的规格，以小代大，可能造成螺丝刀刃口扭曲；以大代小，容易损坏电气元件。

（3）钳子

钳子可分为钢丝钳（克丝钳）、尖嘴钳、圆嘴钳、斜嘴钳（偏口钳）、剥线钳等多种。几种钳子的外形图如图 1-7 所示。

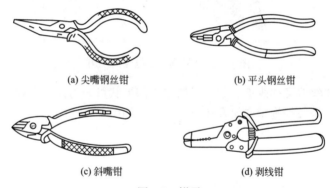

(a) 尖嘴钢丝钳　　　　　　　(b) 平头钢丝钳

(c) 斜嘴钳　　　　　　　(d) 剥线钳

图 1-7　钳子

① 圆嘴钳与尖嘴钳　圆嘴钳主要用于将导线弯成标准的圆环，常用于导线与接线螺钉的连接作业中，用圆嘴钳不同的部位可弯出不同直径的圆环。尖嘴钳则主要用于夹持或弯折较小较细的元件或金属丝等，较适用于狭窄区域的作业。

② 钢丝钳　钢丝钳可用于夹持或弯折薄片形、圆柱形金属件及切断金属丝。对于较粗较硬的金属丝，可用其轧口切断。使用钢丝钳时（包括其他钳子）不要用力过猛，否则有可能将其手柄

压断。

③ 斜嘴钳 斜嘴钳主要用于切断较细的导线，特别适用于清除接线后多余的线头和飞刺等。

④ 剥线钳 剥线钳是剥离较细绝缘导线绝缘外皮的专用工具，一般适用于线径在 0.6～2.2mm 之间的塑料和橡胶绝缘导线，如图 1-8 所示，其主要优点是不伤导线、切口整齐、方便快捷。使用时应注意选择铡口大小与被剥导线线径相当的剥线钳，若小则会损伤导线。

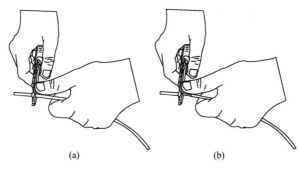

(a)   (b)

图 1-8 剥线钳的使用

（4）扳手

扳手又称扳子，分活扳手和死扳手（呆扳手或傻扳手）两大类，死扳手又分单头扳手、双头扳手、梅花（眼镜）扳手、内六角扳手、外六角扳手多种。几种扳手外形如图 1-9 所示。

使用活扳手旋动较小螺钉时，应用拇指推紧扳手的调节蜗轮，适当用力转动扳手，如图 1-10 所示，禁止用力过猛。

使用死扳手最应注意的是扳手口径应与被旋螺母（或螺母、螺杆等）的规格尺寸一致，对外六角螺母等，小是不能用，大则容易损坏螺母的棱角，使螺母变圆而无法使用。内六角扳手刚好相反。

（5）电工刀

电工刀是用来剖削电线外皮和切割电工器材的常用工具，其外形如图 1-11 所示。

使用电工刀进行绝缘剖削时，刀口应朝外，以接近 90°倾斜切入，如图 1-12 所示，以接近 45°推削，用毕应立即把刀身折入刀柄内。

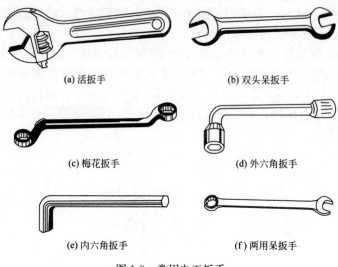

(a) 活扳手

(b) 双头呆扳手

(c) 梅花扳手

(d) 外六角扳手

(e) 内六角扳手

(f) 两用呆扳手

图 1-9　常用电工扳手

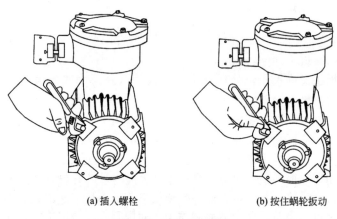

(a) 插入螺栓

(b) 按住蜗轮扳动

图 1-10　活扳手的使用

图 1-11　常用电工刀外形图

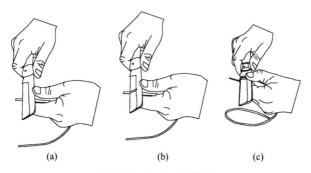

(a)	(b)	(c)

图 1-12　电工刀的使用

使用注意事项：

① 使用电工刀时应注意避免伤手，不得传递刀身未折进刀柄的电工刀。

② 电工刀用毕，随时将刀身折进刀柄。

③ 电工刀刀柄无绝缘保护，不能带电作业，以免触电。

（6）电烙铁

外形如图 1-13 所示。电烙铁的规格是以其消耗的电功率来表示的，通常在 20～500W 之间。一般在焊接较细的电线时，用 50W 左右的；焊接铜板等板材时，可选用 300W 以上的电烙铁。电烙铁用于锡焊时必须在焊接表面涂焊剂，然后才能进行焊接。常用的焊剂中，松香液适用于铜及铜合金焊件，焊锡膏适用于小焊件，氯化锌溶液可用于薄钢板焊件。

图 1-13　电烙铁外形

镀锡的使用方法：将导线绝缘层剥除后，涂上焊剂，用电烙铁头给镀锡部位加热，如图 1-14（a）所示。待焊剂熔化后，将焊锡丝放在电烙铁头上与导线一起加热，如图 1-14（b）所示，待焊锡丝熔化后再慢慢送入焊锡丝，直到焊锡灌满导线为止。镀锡前后导线对照如图 1-14(c) 所示。

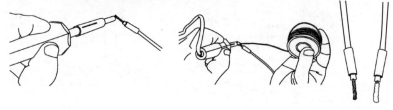

(a) 给导线加热　　　　　(b) 送入焊锡丝　　　　　(c) 前后对照

图 1-14　导线镀锡的方法

　　焊接前应用砂布或锉刀等对焊接表面进行清洁处理，除去上面的脏物和氧化层，然后涂以焊剂。烙铁加热后，可分别在两焊点上涂上一层锡，再进行对焊。

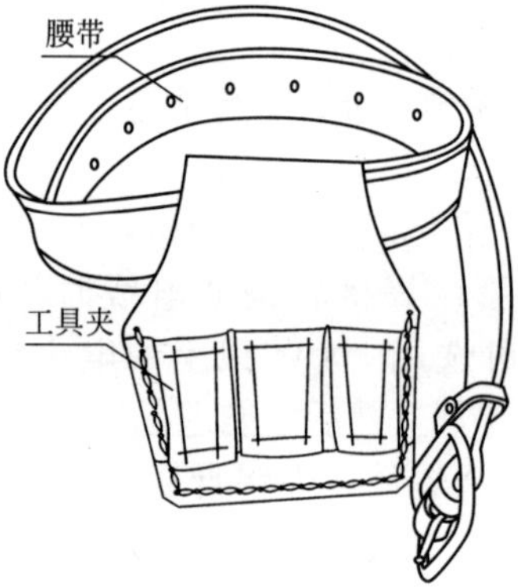

　　（7）电工工具夹

　　用来插装螺丝刀、电工刀、验电器、钢丝钳和活络扳手等电工常用工具，分有插装三件、五件工具等各种规格，是电工操作的必备用品，如图 1-15 所示。

　　使用方法：将工具依次插入工具夹中，腰带系于腰间并插上锁扣，如图 1-16 所示。

　　（8）电工手锤

　　手锤由锤头、木柄和楔子组成，如图 1-17 所示，是电工常用的敲击工具。

图 1-15　电工工具夹

　　（9）手锯

　　手锯由锯弓和锯条两部分组成。通常的锯条规格为 300mm，其他还有 200mm、250mm 两种。锯条的锯齿有粗细之分，目前使用的齿距有 0.8mm、1.0mm、1.4mm、1.8mm 等几种。齿距小的细齿锯条适于加工硬材料和小尺寸工件以及薄壁钢管等。

　　手锯是在向前推进时进行切削的。为此，锯条安装时必须使锯齿朝前，如图 1-18 所示。

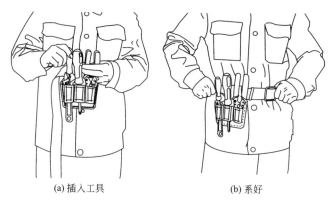

(a) 插入工具　　　　　　　　(b) 系好

图 1-16　电工工具夹的使用

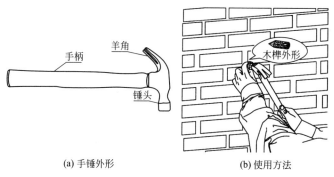

(a) 手锤外形　　　　　　　　(b) 使用方法

图 1-17　手锤外形及使用方法

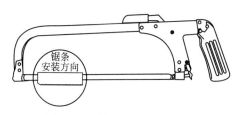

图 1-18　手锯外形及锯条安装

　　手锯锯管的方法（钢板的锯割）：放上锯条，拧紧螺钉，扳紧卡扣，将锯条对准切割线从下往上进锯。逐渐端平手锯用力锯割，如果锯缝深度超过锯弓高度，可以将手锯翻过来继续锯割，直到将工件锯断，如图 1-19 所示。

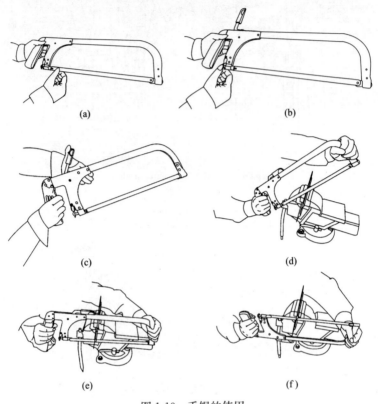

图 1-19　手锯的使用

使用时锯条绷紧程度要适中，过紧时锯条会因极小的倾斜或受阻而绷断；过松时锯条产生弯曲也易折断。装好的锯条应与锯弓保持在同一中心平面内，这对保证锯缝正直和防止锯条折断都是必要的。

1.1.2　安装工具的使用

（1）喷灯

喷灯是火焰钎焊的热源，用来焊接较大铜线鼻子大截面铜导线连接处的加固焊锡，以及其他电连接表面的防氧化镀锡等，如图1-20 所示。按使用燃料的不同，喷灯分为煤油喷灯和汽油喷灯两种。

图 1-20　喷灯外形

使用方法：先关闭放油调节阀，给打气筒打气，然后打开放油阀用手挡住火焰喷头，若有气体喷出，说明喷灯正常。关闭放油调节阀，拧开打气筒，分别给筒体和预热杯加入汽油，然后给筒体打气加压至一定压力，点燃预热杯中的汽油，在火焰喷头达到预热温度后，旋动放油调节阀喷油，根据所需火焰大小调节放油调节阀到适当程度，就可以焊接了，如图 1-21 所示。

使用时注意打气压力不得过高，防止火焰烧伤人员和工件，周围的易燃物要清理干净，在有易燃易爆物品的周围不准使用喷灯。

（2）电锤钻

电锤钻由电动机、齿轮减速器、曲柄连杆冲击机构、转钎机构、过载保护装置、电源开关及电源连接装置等组成，如图 1-22 所示。利用电锤钻安装膨胀螺栓的步骤如图 1-23 所示。

使用注意事项：

① 电锤钻是冲击类工具，工作过程中振动较大，负载较重。因此，使用前应检查各连接部位紧固可靠性后才能操作作业。

② 电锤钻在凿孔前，必须探查凿孔的作业处内部是否有钢筋，在确认无钢筋后才能凿孔，以避免电锤钻的硬质合金刀片在凿孔中冲撞钢筋而崩裂刃口。

③ 电锤钻在凿孔时应将电锤钻顶住作业面后再启动操作，以避免电锤钻空打而影响使用寿命。

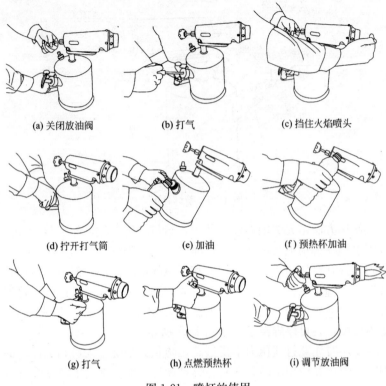

(a) 关闭放油阀　　(b) 打气　　(c) 挡住火焰喷头

(d) 拧开打气筒　　(e) 加油　　(f) 预热杯加油

(g) 打气　　(h) 点燃预热杯　　(i) 调节放油阀

图 1-21　喷灯的使用

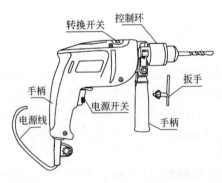

图 1-22　电锤钻外形

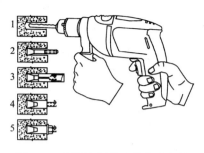

图 1-23　利用电锤钻安装膨胀螺栓
1—打孔；2—清理灰渣；3—放入螺栓；
4—套管胀开；5—设备就位后紧固螺栓

④ 电锤钻向下凿孔时，只需双手分别握住手柄和辅助手柄，利用其自重进给，不需施加轴向压力；向其他方向凿孔时，只需施加 50～100N 轴向压力即可，如果用力过大，对凿孔速度、电锤钻的使用寿命反而不利。

⑤ 电锤钻凿孔时，电锤钻应垂直于作业面，不允许电锤钻在孔内左右摆动，以免影响成孔的尺寸和损坏电锤钻。在凿孔时，应注意电锤钻的排屑情况，要及时将电锤钻退出。反复掘进，不要猛进，以防止出屑困难而造成电锤钻发热磨损和降低凿孔效率。

⑥ 对成孔深度有要求的凿孔作业，可以使用定位杆来控制凿孔深度。

⑦ 用电锤钻来进行开槽作业时，应将电锤钻调节在只冲不转的位置，或将六方钻杆的电锤钻调换成圆柱直柄电锤钻。操作中应尽量避免用作业工具扳撬。如果要扳撬，则不应用力过猛。

⑧ 电锤钻装上扩孔钻进行扩孔作业时，应将电锤钻调节在只转不冲的位置，然后才能进行扩孔作业。

⑨ 电锤钻在凿孔时，尤其由下向上和向侧面凿孔时必须戴防护眼镜和防尘面罩。

（3）弯管器

弯管器是用于管路配线中将管路弯曲成形的专用工具。常用的手动弯管器外形如图 1-24 所示。

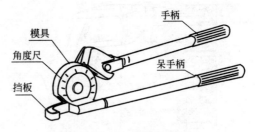

图 1-24　手动弯管器的外形

　　使用方法：首先根据所弯管子的外径选择合适的模具，固定模具后插入管子，双手压动手柄，观察刻度尺，当手柄上横线对准需要弯管角度时，操作完成，如图 1-25 所示，将管子弯成所需的形状。

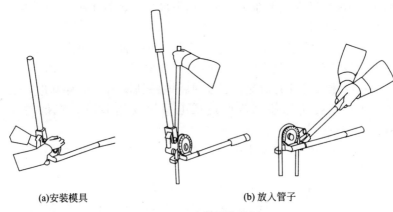

(a)安装模具　　　　　　　　　　(b) 放入管子

图 1-25　弯管器的使用

（4）割管器

　　割管器是一种专门用来切割各种金属管子的工具，如图 1-26 所示。

　　使用时先旋开刀片与滚轮之间的距离，将待割的管子卡入其间，再旋动手柄上的螺杆，使刀片切入钢管，然后做圆周运动进行切割，边切割边调整螺杆，使刀片在管子上的切口不断加深，直至把管子切断，如图 1-27 所示。

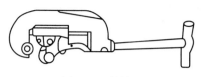

图 1-26　割管器

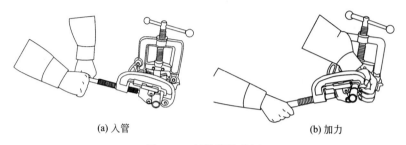

(a) 入管　　　　　　　　(b) 加力

图 1-27　割管器的使用

（5）管子台虎钳

管子台虎钳安装在钳工工作台上，用来夹紧管子以便锯切管子或对管子套制螺纹等，外形如图 1-28 所示。

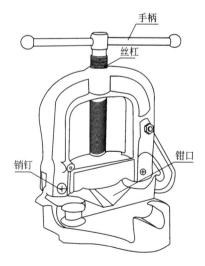

图 1-28　管子台虎钳外形

管子台虎钳的使用（见图 1-29）：
① 旋转手柄，使上钳口上移。

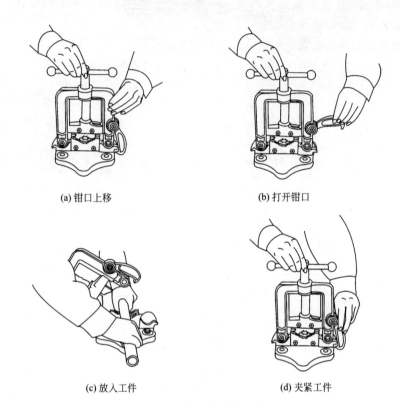

(a) 钳口上移　　　　　　　　　　　　(b) 打开钳口

(c) 放入工件　　　　　　　　　　　　(d) 夹紧工件

图 1-29　管子台虎钳的使用

　② 将台虎钳放正后打开钳口。
　③ 将需要加工的工件放入钳口。
　④ 合上钳口，注意一定要扣牢。如果工件不牢固，可旋转手柄，使上钳口下移，夹紧工件。
　管子台虎钳使用注意事项：
　① 管子台虎钳必须垂直且牢固地固定在工作台上，钳口应与工作台边缘相平或稍靠里一些，不得伸出工作台边缘。
　② 管子台虎钳固定好后，其卡钳口应牢固可靠，上钳口在滑

道内应能自由移动，且压紧螺杆，滑道应经常加油。

③ 装夹工件时，不得将与钳口尺寸不相配的工件上钳；对于过长的工件，必须将其伸出部分支撑稳固。

④ 装夹脆性或软性的工件时，应用布、铜皮等包裹工件夹持部分，且不能夹得过紧。

⑤ 装夹工件时，必须穿上保险销。旋转螺杆时，用力适当，严禁用锤击或加装套管的方法扳紧钳柄。工件夹紧后，不得再去移动其外伸部分。

⑥ 使用完毕，应擦净油污，合上钳口；长期不用时，应涂油存放。

（6）携带型接地线

携带型接地线是最可靠的防护性安全用具，它可防止在已停电的设备上工作时突然送电所带来的危险，或者由于临近高压线路感应而产生的感应电压的危险，外形如图 1-30 所示。

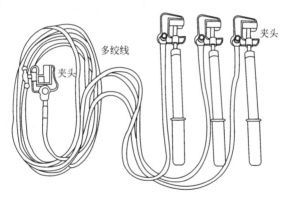

图 1-30　携带型接地线

接地线的使用：

必须验明设备确实无电后才能进行，否则将产生严重的短路事故。装设接地线时应先装接地线端，然后再装接三根相线端，如图 1-31 所示。拆卸时应先拆三根相线端，后拆接地线端。必须戴上绝缘手套进行操作，以防万一。只有确认地线全部拆除后方可送电。

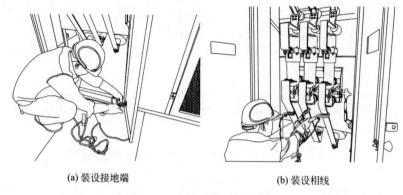

(a) 装设接地端   (b) 装设相线

图 1-31　携带型接地线的使用

使用注意事项：

① 工作之前必须检查接地线。检查软铜线是否断头，螺钉连接处有无松动，线钩的弹力是否正常，不符合要求应及时调换或修好后再使用。

② 挂接地线前必须先验电，验电的目的是确认现场是否已停电，能消除停错电、未停电的人为失误，防止带电挂接地线。

③ 在打接地桩时，要选择黏结性强的、有机质多的、潮湿的实地表层，避开过于松散、坚硬风化、回填土及干燥的地表层，目的是降低接地回路的土壤电阻和接触电阻，快速疏通事故大电流，保证接地质量。

④ 接地线在使用过程中不得扭花，不用时应将软铜线盘好；接地线在拆除后，不得从空中丢下或随地乱摔，要用绳索传递；注意接地线的清洁工作，预防泥沙、杂物进入接地装置的孔隙之中，从而影响正常使用的零件。

⑤ 严禁使用其他金属线代替接地线。其他金属线不具备通过事故大电流的能力，接触也不牢固，故障电流会迅速熔化金属线，断开接地回路，危及工作人员生命。

⑥ 现场工作不得少挂接地线或者擅自变更挂接地线地点。接地线数量和挂接点都是经过慎重考虑的，少挂或变换接地点，都会使现场保护作用降低，使人处于危险的工作状态。

⑦ 接地线应存放在干燥的室内，要专门定人定点保管、维护，并编号造册，定期检查记录。应注意检查接地线的质量，观察外表有无腐蚀、磨损、过度氧化、老化等现象，以免影响接地线的使用效果。

（7）绝缘棒

绝缘棒主要用来闭合或断开高压隔离开关、跌落保险以及用于测量和试验工作，绝缘棒由工作部分、绝缘部分和手柄部分组成，外形如图 1-32 所示。

使用方法：拉开绝缘棒，将顶部金属钩插入熔断器拉环内，迅速果断用力向下拉，就可将熔断器分开。分闸时先拉中间相再拉两边相，合闸时则先合两边相再合中间相，如图 1-33 所示。

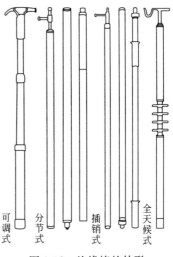

图 1-32 绝缘棒的外形

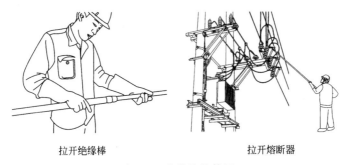

拉开绝缘棒 　　　　　　　　　拉开熔断器

图 1-33 绝缘棒的使用

使用注意事项：使用前应确定绝缘棒是否与设备额定电压相匹配，是否在试验有效期限内，检查有无损伤、油漆有无损坏等。操作时应配合使用绝缘手套、绝缘靴等辅助安全用具。

（8）麻绳

麻绳是用来捆绑、提吊物体的，由于强度较低，在机械启动的起重机械中严禁使用。常用的几种麻绳绳扣如下：

① 直扣和活扣　直扣和活扣都用于临时将麻绳的两端结在一起，而活扣用于需迅速解开的场合，其结扣方法如图 1-34 所示。

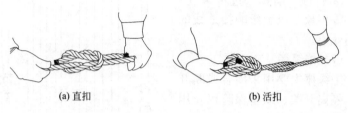

(a) 直扣　　　　　　　　　　　(b) 活扣

图 1-34　直扣和活扣

② 猪蹄扣和倒扣　猪蹄扣在抱杆顶部等处绑绳时使用，结扣方法如图 1-35(a) 所示。倒扣在抱杆上或电杆立起时的临时拉线锚桩上固定时使用，通常用三个倒扣结紧，再用细铁丝把绳头绑好，如图 1-35(b) 所示。

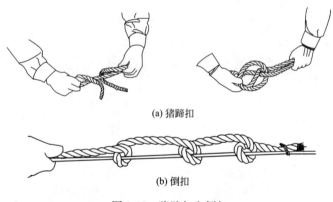

(a) 猪蹄扣

(b) 倒扣

图 1-35　猪蹄扣和倒扣

③ 抬扣　抬扣又称杠杆扣，用来抬重物，其扣结、调整和解扣都较方便，扣结步骤如图 1-36 所示。

④ 吊物扣和倒背扣　吊物扣用来挂吊工具或绝缘子等物品，其扣结方法如图 1-37 所示。倒背扣用来拖动较重且较长的物品，可以防止物体转动，其扣结方法如图 1-38 所示。

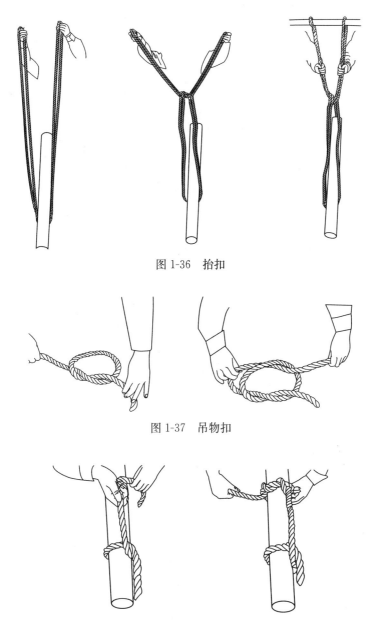

图 1-36　抬扣

图 1-37　吊物扣

图 1-38　倒背扣

1.1.3 登高工具的使用

（1）安全带

安全带是腰带、保险绳和腰绳的总称，是用来防止发生空中坠落事故的，如图 1-39 所示。

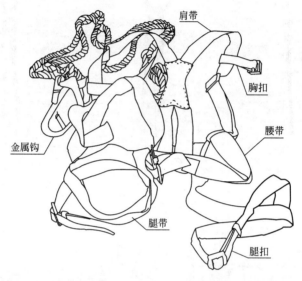

图 1-39　电工安全带外形

安全带的使用：

① 正确穿挂：首先系好左右腿带和腿扣，两手分别穿过肩带，并调整腿带、肩带至合适位置，然后扣好胸部纽扣，最后系好腰带，如图 1-40 所示。

② 正确拴挂

a. 腰绳必须绕过电杆，挂在圆环上。为了保证安全登杆前就应挂好。

b. 保险绳可以绕过电杆挂在横担上侧，也可以绕过电杆斜挂在横担上，即所谓的高挂低用，如图 1-41 所示。

使用注意事项：

① 每次使用安全带时，应查看标牌及合格证，检查尼龙带有无裂纹，缝线处是否牢靠，金属件有无缺少、裂纹及锈蚀情况，安

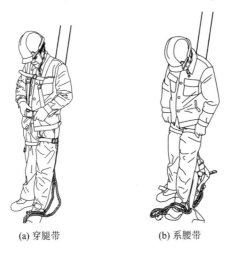

(a) 穿腿带　　　　　　　(b) 系腰带

图 1-40　安全带的正确穿挂

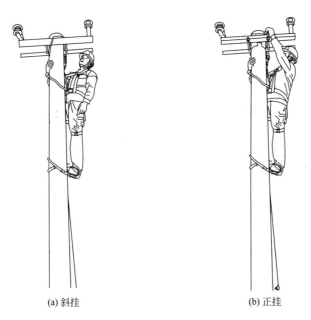

(a) 斜挂　　　　　　　　(b) 正挂

图 1-41　安全带的正确拴挂

全绳应挂在连接环上使用。

② 安全带应高挂低用，并防止摆动、碰撞，避开尖锐物质，不能接触明火。

③ 作业时应将安全带的钩、环牢固地挂在系留点上。

④ 使用频繁的安全绳应经常做外观检查，发生异常时应及时更换新绳，并注意加绳套的问题。

⑤ 在低温环境中使用安全带时，要注意防止安全带变硬割裂。

⑥ 安全带使用两年后，应按批量购入情况进行抽检，围杆带做静负荷试验，安全绳做冲击试验，无破裂可继续使用，不合格品不予继续使用，抽样过的安全绳必须重新检查后才能使用，更换新绳时注意加绳套。

⑦ 不能将安全带打结使用，以免发生冲击时安全绳从打结处断开；应将安全挂钩挂在连接环上，不能直接挂在安全绳上，以免发生坠落时安全绳被割断。

⑧ 使用 3m 以上的长绳时，应加缓冲器，必要时，可以联合使用缓冲器、自锁钩、速差式自控器。

⑨ 安全带应储藏在干燥、通风的仓库内，不准接触高温、明火、强酸、强碱和尖利的硬物，也不要暴晒。搬动时不能用带钩刺的工具，运输过程中要防止日晒雨淋。

⑩ 安全带应该经常保洁，可放入温水中用肥皂水轻轻擦，然后用清水漂净后晾干。

⑪ 安全带上的各种部件不得任意拆除。更换新件时，应选择合格的配件。

⑫ 安全带使用期为 3～5 年，发现异常应提前报废。在使用过程中，也应注意查看，在半年至 1 年内要试验一次。以主部件不损坏为要求，如发现有破损变质情况及时反映，并停止使用，以证保操作安全。

（2）脚扣

脚扣是用来攀登电杆的工具，主要由弧形扣环、脚套组成，分为木杆脚扣和水泥杆脚扣两种，如图 1-42 所示。

使用方法：

① 上杆。在地面上套好脚扣，登杆时根据自身方便，可任意

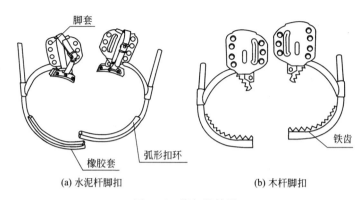

脚套

橡胶套 弧形扣环

铁齿

(a) 水泥杆脚扣

(b) 木杆脚扣

图 1-42　脚扣的外形

用一只脚向上跨扣，同时用与上跨脚同侧的手向上扶住电杆，换脚时，一只脚的脚扣和电杆扣牢后，再动另一只脚。以后步骤重复，直至杆顶需要作业的部位，如图 1-43 所示。登杆中不要使身体直立靠近电杆，应使身体适当弯曲，离开电杆。快登到顶时，要防止横担碰头。

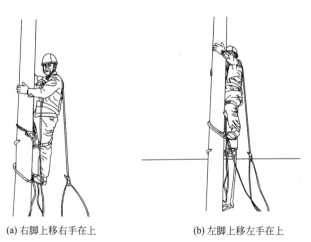

(a) 右脚上移右手在上

(b) 左脚上移左手在上

图 1-43　利用脚扣上杆

② 杆上作业。操作者在电杆左侧作业时，应左脚在下，右脚在上，即身体重心放在左脚上，右脚辅助。操作者在电杆右侧作业

时，应右脚在下，左脚在上，即身体重心放在右脚上，以左脚辅助。也可根据负载的轻重、材料的大小采取一点定位，即两只脚同在一条水平线上，用一个脚扣的扣身压在另一个脚扣的身上，如图1-44所示。

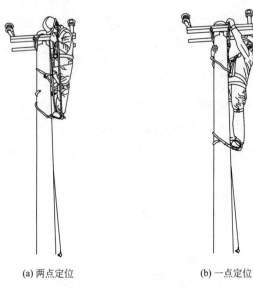

(a) 两点定位　　　　　　　　(b) 一点定位

图 1-44　利用脚扣杆上作业

③ 下杆。下杆时先将置于电杆上方的（或外边的）脚先向下跨扣，同时用与下跨脚同侧的手向下扶住电杆，然后再将另一只脚向下跨，同时另一只手也向下扶住电杆，以后步骤重复，直至着地。

（3）梯子

梯子是常用的登高工具之一，分单梯、人字梯（合页梯）、升降梯等几种，用毛竹、硬质木材、铝合金等材料制成，如图1-45所示。

使用方法：上梯子时无论哪只脚

(a) 伸缩单梯　　　(b) 合页梯

图 1-45　电工常用梯子

先动，对应的手都要同时移动并扶稳，操作时如果左手用力，则左脚踩实，右腿跨过梯子横档，右脚踩稳。下梯子时，移哪只脚就相应移哪只手，并抓牢。梯子的使用方法如图 1-46 所示。

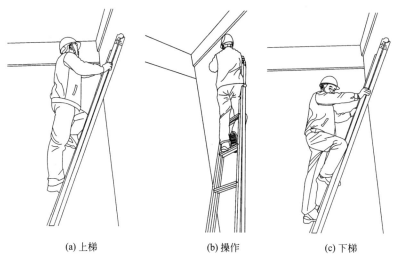

(a) 上梯   (b) 操作   (c) 下梯

图 1-46　梯子的使用方法

1.2　测量仪器仪表的使用

1.2.1　测量工具的使用

（1）卷尺

卷尺可以测量物体的长、宽、高，外形如图 1-47 所示。

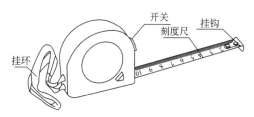

图 1-47　卷尺外形

使用方法：打开开关，拉开刻度尺，用挂钩挂住待测物体一端，然后紧贴着拉动尺子到物体的另一端，合上开关读数，如图1-48 所示。

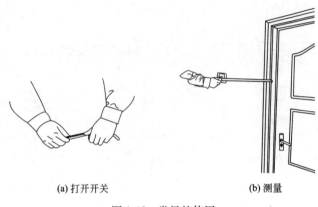

(a) 打开开关　　　　　　　　　　(b) 测量

图 1-48　卷尺的使用

（2）游标卡尺

游标卡尺的测量范围有 0～125mm、0～200mm、0～500mm三种规格。主尺上刻度间距为 1mm，副尺（游标）读数值有0.1mm、0.05mm、0.02mm 三种，如图 1-49 所示。

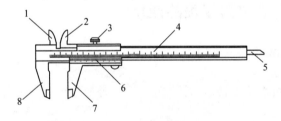

图 1-49　游标卡尺
1—固定量爪 2；2,7—活动量爪；3—紧固螺钉；4—主尺；
5—深度尺；6—副尺；8—固定量爪 1

使用游标卡尺测量钢管外径的方法：松开主副尺固定螺钉，将钢管放在外径测量爪之间，拇指推动微动手轮，使外径活动爪靠紧钢管，即可读数。图 1-50 中先读主尺 26，再看副尺刻度 4 与主尺

30 对齐，这样小数为 0.4，加上 26，结果为 26.4mm。

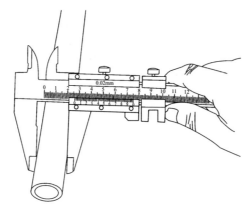

图 1-50 游标卡尺使用方法

1.2.2 常用电工仪表

（1）钳形电流表

钳形电流表利用电磁感应原理制成，主要用来测量电流，有的还具有与万用表相同的功能，外形如图 1-51 所示。

电流测量方法：打开钳口，将被测导线置于钳口中心位置，合上钳口即可读出被测导线的电流值，如图 1-52 所示。

测量较小电流时，可把被测导线在钳口多绕几匝，这时实际电流应为读数除以缠绕匝数所得数值。

（2）万用表

万用表主要用来测量直流电流、直流电压、交流电流、交流电压和直流电阻，有的还可用来测量电容、二极管通断等，万用表外形如图 1-53 所

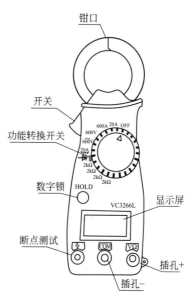

图 1-51 钳形电流表外形

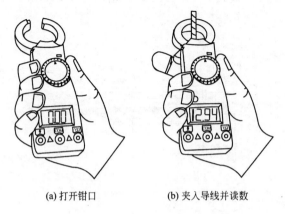

(a) 打开钳口　　　　　(b) 夹入导线并读数

图 1-52　钳形电流表使用方法

示。数字式万用表有多个接线柱，红表笔接＋（V·Ω）线柱，黑色表笔接－（COM）线柱，测量电流时红表笔接 mA 或 20A 线柱。测量中应选择测量种类，然后选择量程。如果不能估计测量范围时，应先从最大量程开始，直至误差最小，以免烧坏仪表。

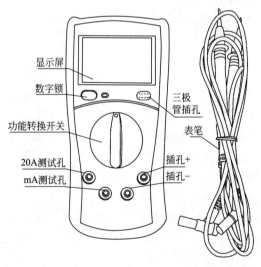

显示屏

数字锁

功能转换开关

20A测试孔

mA测试孔

三极管插孔

表笔

插孔＋

插孔－

图 1-53　万用表外形

万用表的使用：先将万用表打到 2MΩ 挡，测量电位器 1、3 引脚的阻值（即电位器两固定端间的电阻值），看是否与标称值相符。然后将转轴向一侧旋到头，测量中心滑动端和电位器任一固定端的电阻值。应该一侧为零，另一侧为最大值。再旋转转轴，观察万用表的读数，应该变化平稳。测量完毕将选择开关打到 OFF 挡。万用表的使用如图 1-54 所示。

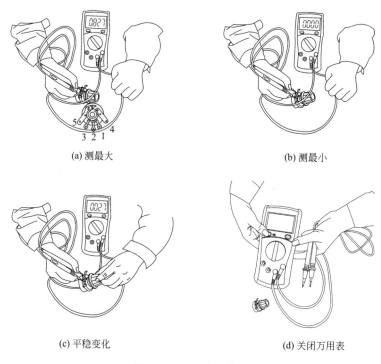

(a) 测最大   (b) 测最小

(c) 平稳变化   (d) 关闭万用表

图 1-54　万用表的使用

（3）兆欧表

兆欧表俗称摇表、绝缘摇表，主要用于测量绝缘电阻，手动兆欧表外形如图 1-55 所示。

兆欧表使用时，如果接线和操作不正确，不仅会影响测量结果，而且会危及人身安全并损坏仪表。

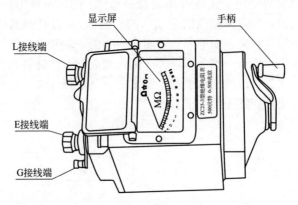

图 1-55　手动兆欧表外形

使用注意事项：

① 测量时可将被测试品的通电部分接在兆欧表的 L（电路）接线柱上，接地端或机壳接于 E（接地）接线柱上，在测量电缆导线芯线对缆壳的绝缘电阻时，应将缆芯之间的内层绝缘物接于 G 接线柱上（图 1-56），以消除因表面漏电而引起的误差。

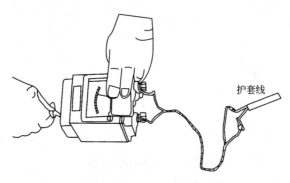

图 1-56　兆欧表的使用

② 测量前必须切断被测试品的电源，并接地短路放电，不允许用兆欧表测量带电设备的绝缘电阻，以防发生人身和设备事故。

③ 测量前应检查兆欧表是否能正常工作。将兆欧表开路，摇动发电机手柄到额定转速（120r/min），指针应指在"∞"位置；

再将 L、E 两接线柱短接，缓慢摇动发电机手柄，指针应指在"0"位置。

④ 摇动手柄时，应由慢到快。若指针已指零位，说明被试品有短路现象，不可再继续摇动手柄。

⑤ 测量完毕，需待兆欧表的指针停止摆动且被试品放电后方可拆除，以免损坏仪表或触电。

⑥ 使用兆欧表时，应放在平稳的地方，避免剧烈振动或翻转。

第**2**章

⚡ 电动机

2.1 感应电动机基本知识

2.1.1 分类和用途

（1）分类

感应电动机按转子结构分为笼式和绕线式，其中笼式又可分为单笼、双笼和深槽式。

感应电动机按定额工作方式可分为连续定额工作、短时定额工作和断续定额工作三种。

感应电动机按防护类型分为开启式、防护式（防滴、网罩）、封闭式、密闭式和防爆式。

感应电动机按尺寸范围分为大型、中型和小型。

三相感应电动机型号采用汉语拼音字母、国际通用符号和阿拉伯数字组成。产品型号的构成部分及其内容的规定，按下列顺序排列：

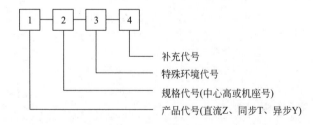

补充代号

特殊环境代号

规格代号(中心高或机座号)

产品代号(直流Z、同步T、异步Y)

主要产品型号举例：

小型异步电动机

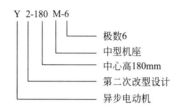

单相感应电动机按启动方式分为电容运转电动机、电容启动与运转电动机、罩极式电动机和分相启动电动机，而分相启动电动机又分为电阻分相启动电动机和电容分相启动电动机。

（2）用途

感应电动机结构简单牢固，工作可靠，维修方便，价格便宜，广泛应用于工业、农业、交通等行业。

单相感应电动机型号及用途见表 2-1，三相感应电动机型号及用途见表 2-2。

表 2-1　单相感应电动机型号及用途

序号	名称	型号 新	型号 老	结构特点	应用场所
1	电阻启动单相异步电动机	BO2	BO	定子具有主、副绕组，它们的轴线在空间相差 90°电角度，电阻值较大的副绕组经启动开关与主绕组并接于电源。当电动机转速达到 75%～80%同步转速时，通过启动开关将副绕组切除，由主绕组单独工作	具有中等启动转矩和过载能力，适用于小型车床、鼓风机、医疗器械等
2	电容启动单相异步电动机	CO2	CO	定子主、副绕组分布与电阻启动电动机相同，副绕组和一个容量较大的启动电容器串联，经启动开关与主绕组并接于电源。当电动机转速达到 75%～80%同步转速时，通过启动开关将副绕组切除，由主绕组单独工作	具有较高启动转矩，适用于小型空气压缩机、电冰箱、磨粉机、水泵及满载启动的机械等

序号	名　称	型号		结构特点	应用场所
		新	老		
3	电容运转异步电动机	DO2	DO	定子具有主、副绕组,它们的轴线在空间相差90°电角度,副绕组串联一个工作电容器后,与主绕组并接于电源,且副绕组长期参与运行	启动转矩较低,但有较高的功率因数和效率,体积小,重量轻,适用于电风扇、通风机等空载启动的机械
4	电容启动运转异步电动机	—		定子绕组与电容运转电动机相同,但副绕组与两个并联的电容器串联。当电动机转速达到75%~80%同步转速时,通过启动开关将启动电容器切除,工作电容器参与运行	具有较高的启动性能、过载能力、功率因数和效率,适用于家用电器、泵、小型机床等
5	罩极式异步电动机	—		一般采用凸极定子,主绕组是集中式的,并在极靴的一小部分上套有短路环。另一种是隐极定子,其冲片形状与一般电动机相同,主绕组和罩极绕组均为分布绕组,它们的轴线在空间相差一定的电角度	启动转矩、功率因数和效率均较低,适用于小型风扇、电动模型及各种轻载启动的小功率电动设备

表2-2　三相感应电动机型号及用途

序号	名　称	型号		汉字含义	机座号与功率范围	结构特点及应用场所
		新	老			
1	小型三相异步电动机(封闭式)	Y2 (IP54)	Y JO2	异	H63~355 0.12~315kW	IP54(IP44)型外壳防护结构为封闭式,能防灰尘、水滴进入电机内部,适用于灰尘多、水土溅飞的场所 IP23型外壳防护结构为防护式,能防止直径大于12mm的杂物或水滴从垂直线成60°角范围内进入电动机内部,适用于周围环境较干净、防护要求较低的场所
2	小型三相异步电动机(防护式)	Y (IP23)	J2	异	H160~315 11~250kW	Y系列为B级绝缘结构,Y2系列为F级绝缘结构。均为一般用途笼型三相异步电动机,用于无特殊要求的各种机械设备,如金属切削机床、水泵、鼓风机、运输机械、农业机械

序号	名　称	型　号		汉字含义	机座号与功率范围	结构特点及应用场所
		新	老			
3	立式深井泵用三相异步电动机	YLB	JLB2 DM JTB	异立泵	H132～280 5.5～132kW	是驱动 JC/K 型长轴立式深井泵的专用电动机。除 H132 机座在 Y(IP44) 系列评述，其余五种机座均在 Y(IP23) 系列上派生。安装时将水泵轴通过电动机的空心轴与联轴器相连，采用钩头键连接传动。适用于工矿企业、农村及高原地带吸取地下水用
4	井用潜水三相异步电动机	YQS2	JQS	异潜水	井径 150～300 3～185kW	YQS2 系列电动机为冲水式密封结构，与潜水泵组合，立式运行。电动机外径尺寸小、细长，导线采用耐水漆包线，电动机内墙密封充满清水或防锈液，专供驱动井用潜水泵
5	木工用三相异步电动机	YM	JM2 JM3	异木	H71～100 0.55～7.5kW	YM 系列电动机为全封闭自扇冷式笼型电动机，均为 2 极电动机，适用于驱动木工机械

2.1.2　交流感应电动机的结构

交流感应电动机主要由定子、转子两个基本部分组成，此外还有机壳、端盖、转轴、轴承、风扇、风罩（单相感应电动机还有启动装置）等部件。Y 系列三相感应电动机典型结构如图 2-1 所示。

（1）定子

定子主要由铁芯、定子绕组、机座组成。

定子铁芯是电动机磁路的一部分，用 0.35～0.5mm 厚的硅钢片冲叠而成，硅钢片间涂有绝缘漆，以减少涡流损耗。铁芯内圆表面冲有均匀分布的槽，用以嵌放定子绕组，定子铁芯的槽形有半闭、半开口和开口等几种形式。

定子绕组一般采用高强度聚酯漆包圆铜线绕制成各种形式的线圈后嵌入定子槽内，大功率三相感应电动机的绕组则多用玻璃丝聚酯漆包扁铜线绕制成成形线圈，经过绝缘处理后再嵌放于定子槽内。

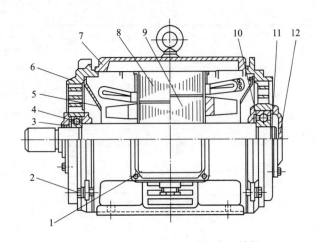

图 2-1　Y（IP23）系列电动机典型结构

1—接线盒；2—紧固件；3,12—轴承外盖；4—轴承；5—挡风板；6—端盖；7—机座；
8—定子铁芯；9—转子；10—风罩；11—外风扇

机座一般用铸铁或铝铸成，是定子铁芯的固定件，它的两端固定的端盖是转子的支撑件。端盖和轴承盖也由铸铁制成。

（2）转子

转子主要由转子铁芯、转子绕组、转轴（绕线式还有滑环）组成。

感应电动机转子铁芯由 0.35～0.5mm 厚的硅钢片冲叠而成，为了改善电动机的启动性能，转子铁芯通常采用斜槽、双笼和深笼结构。

转子绕组嵌放在转子铁芯槽内，导条由铸铝条、裸铜条制成时，这种转子称为笼型转子；导条由带绝缘的导条按一定规律连接并通过滑环、电阻器等短接时，这种转子称为绕线型转子。

滑环和电刷是绕线式转子与外电路的连接部件，通过滑环和电刷使启动变阻器或频敏变阻器与转子绕组连接，改善电动机的启动性能。

（3）其他部件

端盖一般由铸铁制成，用螺栓固定在机座两端，其作用是安装固定轴承、支撑转子和遮盖电动机。

轴承盖一般由铸铁制成，用来保护和固定轴承，并防止润滑油外流及灰尘进入，从而保护轴承。

风扇一般为铸铝件（或塑料件），起通风冷却作用。

风罩由薄钢板冲制而成，主要起导风散热、保护风扇的作用。

2.1.3　铭牌

三相异步电动机的铭牌如图 2-2 所示。

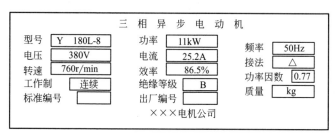

图 2-2　三相异步电动机的铭牌

（1）型号

表示电动机的类型、结构、规格及性能特点的代号。

（2）功率

指电动机按铭牌规定的额定运行方式运行时，轴端上输出的额定机械功率，用字母 P_N 表示。

（3）电压、电流和接法

电压、电流指额定电压和额定电流。感应电动机的电压、电流和接法三者是相互关联的。

额定电压是指电动机额定运行时，定子绕组应接的线电压，用字母 U_N 表示。

额定电流是指电动机外接额定电压，输出额定功率时，电动机定子的线电流，用字母 I_N 表示。

接法是指三相感应电动机绕组的六个引出线头的接线方法，接线时必须注意电压、电流、接法三者之间的关系，例如标有电压 220/380V，电流 14.7/8.49A，接法△/Y，说明可以接在 220V 和 380V 两种电压下使用，220V 时接成△，380V 时接成 Y。

（4）频率

频率指额定频率。铭牌上注明 50Hz，表明电动机应接在频率为 50Hz 的交流电源上。

（5）转速

指电动机的额定转速。

（6）其他

定额、产品编号、温升、标准编号同直流电动机。

2.1.4 三相交流感应电动机工作原理

三相异步电动机的旋转磁场，是指三相交流电通入定子绕组时，沿定、转子气隙空间按一定规律分布的不断旋转的磁场。

由于三相绕组在定子铁芯上的空间位置按互差 120° 分布，当对称的三相交流电通入定子绕组时，就会在空间产生一个旋转磁场，这个磁场的转向就是三相交流电的相序方向，其转速则为同步转速 $n_0 = \dfrac{60f}{p}$。

这个旋转磁场在转子绕组中产生感应电动势并产生电流，电动势的方向可由右手定则确定，载有感应电流的转子绕组在磁场中受到电磁力的作用，受力方向可由左手定则确定，这些力对轴形成转矩，从而使转子转动。

2.1.5 单相感应电动机的结构与原理

三相正弦交流电通入三相感应电动机绕组中，产生的磁场是旋转的，如果把两相正弦交流电通入三相电动机绕组，仍然可以产生旋转磁场。但如果把一相交流电通入三相电动机绕组，产生的磁场将是脉振的不移动的，将其中的一套绕组中加入电抗，使其中流过的电流超前或滞后原电流，那么就形成了类似于两相交流电的旋转磁场，这就是单相感应电动机总的工作原理。

（1）电阻分相启动电动机结构与原理

① 结构　电阻分相启动电动机转子是笼型绕组，定子布置两套绕组，两套绕组在空间相差 90° 机械角度，副绕组串接离心开关后与主绕组并接于电源上。当转速达到 75%～80% 同步转速时，启动开关断开，副绕组脱离电源，由主绕组单独工作。

② 工作原理　原理电路如图 2-3 所示。主绕组导线粗且匝数多，副绕组导线细且匝数少。两者比较起来主绕组电抗大电阻小，可近似看成是一纯电抗元件，而副绕组电阻远大于主绕组，可近似

看成是纯电阻元件。由于两绕组在空间相差90°机械角度，因而通入单相交流电后就产生了类似两相交流电的旋转磁场，使电动机旋转起来。

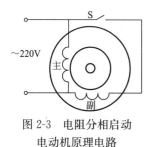

图 2-3　电阻分相启动
电动机原理电路

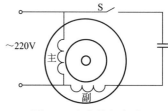

图 2-4　电容分相启动
电动机原理电路

（2）电容分相启动电动机结构

电容分相启动电动机定子由空间相差90°机械角度的主、副绕组构成，副绕组串接启动电容器和离心开关后与主绕组并接于电源上。当转速达到75％～85％同步转速时，启动开关断开，副绕组脱离电源，由主绕组单独工作。原理电路如图2-4所示。

（3）电容运转电动机结构

电容运转电动机由定子、转子及电容器组成，转子是笼型绕组；定子铁芯槽内嵌有两套机械角度相差90°的主、副绕组，一般副绕组匝数稍多，导线较细。电容器串接于副绕组，然后与主绕组并接于电源启动、运行。这种电动机可采用抽头改变主、副绕组阻抗或串联外接电抗器的方法调速。图2-5为电容运转电动

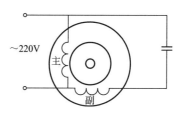

图 2-5　单相电容运转
电动机原理电路

机原理电路图。图2-6为该电动机的电抗器调速接线图，这种调速电动机广泛应用于台扇、吊扇中。图2-7为自耦变压器调速接线图，该方法广泛应用于落地扇中。

图2-8为抽头式接线图，该方法广泛应用于台扇、排烟罩中。另外还有电容调速方法，在图2-8(a)中只需将电抗线圈换成相应电容器即可。

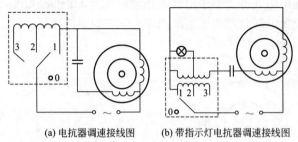

(a) 电抗器调速接线图　　(b) 带指示灯电抗器调速接线图

图 2-6　电风扇电动机的电抗器调速接线图

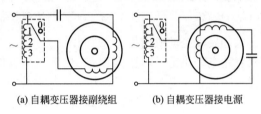

(a) 自耦变压器接副绕组　　(b) 自耦变压器接电源

图 2-7　电风扇电动机的自耦变压器调速接线图

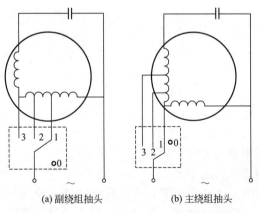

(a) 副绕组抽头　　　　　　(b) 主绕组抽头

图 2-8　电风扇电动机的 L 型抽头调速接线图

（4）罩极式电动机结构

罩极式电动机由定子、转子组成。转子是笼型绕组，定子一般为凸极式结构，每个磁极的励磁绕组集中在凸极周围，如图 2-9 所示。此外，在极掌上还套有一个电阻值很小的短路环，一般是在凸极极面 1/3～1/2 处开有一凹槽以嵌入此短路铜环（在较大功率罩极式电动机上则采用槽隐极分布正弦绕组）。在启动时，由于磁极中被罩短路环部分与未罩部分的磁阻不同，从而形成磁场相位差，使电动机由未罩部分向被罩部分转动。图 2-10 为罩极式电动机调速接线图，该电动机广泛应用于电风扇中。

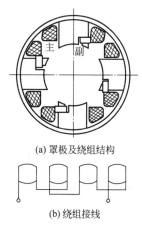

(a) 罩极及绕组结构

(b) 绕组接线

图 2-9　罩极式电动机结构

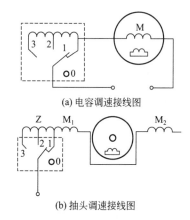

(a) 电容调速接线图

(b) 抽头调速接线图

图 2-10　罩极式电动机的调速接线图

2.1.6　三相异步电动机的选择

合理选择三相异步电动机应从以下几个方面考虑。

（1）合理选用三相异步电动机的型号

电动机的型号类型，应与被拖动的力学性能相适应，农村一般采用笼型电动机。电动机外壳的防护等级，应能满足安装处所的环境要求。如在亚热带地区，应尽量选择绝缘等级较高的电动机；在潮湿、粉尘飞扬的环境处所应选用 IP44 的封闭型电动机；易燃易爆场所应选用防爆电动机。

（2）合理选用三相异步电动机的容量

电动机的额定功率，应与被拖动机械功率相匹配。一般应比负载功率大 10% 左右较适宜。电动机的功率选择得过大，会出现不合理的"大马拉小车"现象，其效率和功率因数都较低，见表 2-3，这样对资金和电力都是浪费。选择得太小会使电动机难启动、过载，负载电流会超过额定电流，严重时会烧坏电动机。在选择时还应考虑配电变压器容量，如果是直接启动的电动机，则是电动机的最大功率不应超过变压器容量的 30%。

表 2-3　电动机效率、功率因数随负载的变化

负载情况	空载	1/4 负载	1/2 负载	3/4 负载	满负载
功率因数	0.2	0.5	0.77	0.85	0.87
效率	0	0.78	0.85	0.88	0.875

（3）合理选用三相异步电动机的额定电压

电动机的额定电压一定要与所用电源的电压相符，农用电动机一般选用 380V 或 380/220V 两用电动机。

（4）合理选用三相异步电动机的转速

电动机的转速应根据生产机械的要求而选定。电动机的转速不宜选得太低，因为电动机的转速越低，其尺寸越大，价格越贵，功率因数和效率也越低，而其固定转矩则越大。电动机的转速也不宜选得太高，否则启动转矩会小，启动电流会大，权衡利弊，农村宜采用 4 极电动机，其同步转速为 1500r/min。它的转速居中，而且适应性强，功率因数和效率也较高。

2.2　三相异步电动机的安装与接线

2.2.1　三相异步电动机的安装

（1）地点选择

电动机应安装在通风、干燥、灰尘较少的地方和不致遭受水淹的地方。电动机的周围应比较宽敞，还应考虑到电动机的运行、维护、检修和运输的方便。安装在室外的电动机，要采取防雨、防日晒的措施。农村排灌用的一些小型电动机，受水源和其他环境条件的限制，流动性较强，要因地制宜地采取防护措施，以免损坏电动机。

（2）基础制作

电动机的基础有永久性、流动性和临时性三种。乡镇企业、农副加工、电力排灌站一般采用永久性基础。

① 底座基础制作

a. 基础浇筑。电动机底座的基础一般用混凝土浇筑或用砖砌成，基础的形状见图 2-11(a)。基础高出地面的尺寸 H 一般为 100～150mm，具体高度随电动机规格、传动方式和安装条件等确定。底座长度 L 和宽度 B 的尺寸，应根据底板或电动机基座尺寸确定，每边应比电动机机座宽 100～150mm。基础的深度一般按地脚螺栓长度的 1.5～2.0 倍选取，以保证埋设的地脚螺栓有足够的强度。基础的质量应为机组质量的 2.5～3.0 倍。

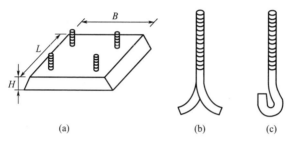

(a)　　　　　　　　(b)　　　　(c)

图 2-11　电动机直接安装基础

浇筑基础之前，应挖好基坑，夯实坑底，防止基础下沉。接着在坑底铺土层石子，用水淋透并夯实。然后把基础模板放在石子上或将木板铺设在浇筑混凝土的木架上，并埋入地脚摞栓。

浇筑混凝土时，要保持地脚螺栓的位置不变和上下垂直。

b. 地脚螺栓埋设。为了保证地脚螺栓埋设牢固，通常将其埋入基础的一端做成人字形或弯钩形，如图 2-11(b)、图 2-11(c) 所示。埋设螺栓时，埋入混凝土的深度一般为螺栓直径的 10 倍左右，人字开口或弯钩的长度约为螺栓埋入混凝土深度的一半。

c. 临时基础制作。对于临时建筑施工机械或其他临时使用的电动机，可采用临时性基础。临时性基础一般为框架式，将电动机与机械设备一起固定在坚固的框架上，框架可以是木制或钢制框架，把框架埋在地下，用铁钎或木桩固定。需要异地使用时，拔出铁钎或木桩，拖动或抬运框架即可。

② 底座基础复核

a. 按照水泥基础所能承担的总负荷、电动机的固有振动频率、转速及安装地点的土质状况，核对水泥基础的水泥牌号、基础尺寸是否合适。

b. 对于室外安装的电动机，其水泥基础的深度应大于 0.25m，或大于冻土层。

c. 核对地脚螺栓的尺寸、形状及埋入深度是否符合要求，螺栓与水泥基础是否已成为一体。

d. 安放垫铁后进行预安装，第一次找平后进行二次灌浆。经二次灌浆后垫铁应与水泥基础成为一体。

e. 核对安装在水泥基础上的设备（电动机或电动机加上它所拖的负荷）加上垫铁后的整体的重心是否与水泥基础的重心重合，若不重合，其偏心值和平行偏心方向的基底边长的比值应小于3%，否则，应调整地脚螺栓的位置。

f. 框架式基础要检查各焊接部位是否牢固，复核框架的刚度及强度。

（3）安装前检查

① 技术资料复核 详细核对电动机铭牌上标出的各项数据（如型号规格、额定容量、额定电压、防护等级等），应与图纸规定或现场实际要求相符。

② 外观检查

a. 是否有撞坏的地方，转子有无窜动，人工转动有无不正常的卡壳现象和噪声。

b. 电刷、滑环、整流子等各部件有无损坏或松脱的地方，电动机所附地脚螺栓是否齐全。

③ 定子与转子的间隙检查

a. 检查定子与转子的间隙，可用塞尺测量。塞尺放在转子两端，将转子慢慢转动四次，每次转 90°。对于凸极式电动机应在各磁极下面测定，而隐极式电动机分四点测定。

b. 直流电动机磁极下各点空气间隙的相互误差，当间隙在3mm 以下时，不应超过 20%；当间隙在 3mm 及以上时，不应超过 10%。

c. 交流电动机各点空气间隙的相互差不应超过 10%。

④ 绕组检查

a. 拆开接线盒，用万用表检查三相绕组是否断路，连接是否牢固。

b. 必要时可用电桥测量三相绕组的直流电阻，检查阻值偏差是否在允许范围以内（各相绕组的直流电阻与三相电阻平均值之差一般不应超过±2％）。

⑤ 绝缘检查　使用兆欧表测量电动机各相绕组之间以及各相绕组与机壳间的绝缘电阻。如果电动机的额定电压在 500V 以下，则使用 500V 兆欧表测量，测得的绝缘电阻值不应低于 $0.5M\Omega$。

⑥ 电动机整理　电动机经过检查后，应用手动吹风器将机身上尘垢吹扫干净。如果电动机较大，最好用压力不超 0.2MPa 的干燥的压缩空气吹扫。

（4）电动机的搬运

① 吊运电动机的基本要求

a. 搬运和吊装电动机时，应注意不要使电动机受到损伤、受潮和弄脏，并要注意安全。

b. 如果电动机由制造厂装箱运来，在还没有到安装地点前，不得打开包装箱，应将电动机储存在干燥的房间内，并用木板垫起来，以防潮气浸入电动机。

② 吊运电动机前的准备工作

a. 了解电动机及附属设备的总质量、外形尺寸及吊运要求。

b. 准备适当的吊运设备、工具、材料和相应的人力。

c. 了解清楚吊运路线及周围作业的环境。

d. 对较大部件的吊运，应制定出操作方法和安全措施。

③ 吊运电动机的方法

a. 吊运电动机时，不得将绳索挂在轴身、风扇罩、导风板上，应挂在提环上或机座底脚和机座板指定的挂绳处。当电动机有两个提环时，绳索在挂钩之间的角度不得大于 30°，以防拉断提环；如大于 30°时，应在提环间加撑条保护。

b. 吊运机组时，应将绳索兜住底部或拉在底座指定的吊孔上，严禁用一个电动机的提环吊运整个机组。

c. 电动机抽芯过程中吊运转子，如将绳索套挂在转子铁芯上或轴身上时，应加垫块及毛毡等物，防止划伤铁芯或轴身，并应注意防止滑动。

d. 吊运用的各种索具，必须结实可靠。若电动机与减速机或水泵等设备连接为一体时，不能用电动机吊环吊运设备。电动机经长途运输或装卸搬运，难免不受风雨侵蚀及机械损伤，电动机运到现场后，应仔细检查和清扫。

（5）电动机的安装

① 电动机固定　电动机在混凝土基础上的安装方式有两种：一种是将电动机基座直接安装在基础上，如图 2-12 所示；另一种是基础先安装在槽轨上，如图 2-13 所示。

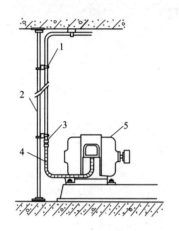

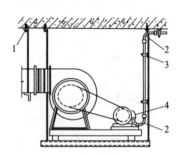

图 2-12　电动机配管安装方法
1—管卡；2—支架；3—接地卡；
4—金属软管；5—电动机

图 2-13　风机电动机配管安装方法
1—膨胀螺栓；2—软管；
3—管卡；4—接线盒

为了防止振动，安装时应在电动机与基础之间垫一层硬橡胶板，四角的地脚螺栓都要套上弹簧垫圈。在拧紧地脚螺栓时，地脚螺栓应在校平过程中分几次逐渐地拧紧。

② 电动机校平　电动机安装就位后，应用水平仪对电动机进行纵向和横向校正。如果不平，可在机座下面加金属调整垫片进行校正，垫片可用厚 0.5～5mm 的钢片。若检修后更换同容量的不同中心高的电动机，应更换垫铁，重新进行二次灌浆，不宜在原垫铁与电动机间加入槽钢之类的垫块。

2.2.2 电动机引线的安装

电动机的引线应采用绝缘导线，其截面积的大小应按电动机的额定电流选定。地面以上 2.5m 以内的一段引线应采用槽板或硬塑料管防护，引线沿地面敷设时，可采用地埋线、埋管、电缆沟等防护形式，引线不允许有裸露部分。临时性的电动机引线，可采用橡胶绝缘的护套软线，但要保证护套软线完好无损，以免漏电。

电源、启动设备、保护装置等与电动机的连接，应采用接线盒或其他防护措施，避免导体裸露，威胁人身安全。操作开关的安装地点应在电动机附近，其高度应符合安全规定的要求，以便操作和维修。

（1）电动机的接线

三相电动机定子绕组一般采用星形或三角形两种连接方式，如图 2-14 所示。生产厂家为方便用户改变接线方法，一般电动机接线盒中电动机三相绕组的 6 个端子的排列次序有特定的方式，如图 2-15 所示。

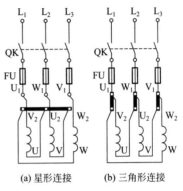

(a) 星形连接　　(b) 三角形连接

图 2-14　三相异步电动机定子接法

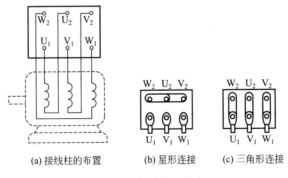

(a) 接线柱的布置　　(b) 星形连接　　(c) 三角形连接

图 2-15　定子绕组接法

（2）接线的注意事项

① 选择合适的导线截面积，按接线图规定的方位，在固定好

的电气元件之间测量所需要的长度，截取长短适当的导线，剥去导线两端绝缘皮，其长度应满足连接需要。为保证导线与端子接触良好，压接时将芯线表面的氧化物去掉，使用多股导线时应将线头绞紧烫锡。

② 走线时应尽量避免导线交叉，先将导线校直，把同一走向的导线汇成一束，依次弯向所需要的方向。走线应横平竖直，拐直角弯。做线时要用手将拐角做成 90°的慢弯，导线弯曲半径为导线直径的 3~4 倍，不要用钳子将导线做成死角，以免损伤导线绝缘层及芯线。做好的导线应绑扎成束用非金属线卡卡好。

③ 将已成形的导线套上写好的线号管，根据接线端子的情况，将芯线弯成圆环或直接压进接线端子。

④ 接线端子应坚固，必要时装设弹簧垫圈，防止电器动作时因受振动而松脱。

⑤ 同一接线端子内压接两根以上导线时，可套一个线号管，导线截面不同时，应将截面大的放在下层，截面小的放在上层，所有线号要用不易褪色的墨水，用印刷体书写清楚。

2.3 电动机的修理

2.3.1 故障判断方法

（1）单相电动机故障判断

① 电动机不启动

a. 检查熔断器熔体是否熔断，如图 2-16(a) 所示。

b. 检查电源是否有电压，如图 2-16(b) 所示。

② 转速变慢　检查电源电压是否符合规定，如图 2-17 所示。

③ 有电压但不启动　用手盘转轴使其转动，迅速合上开关，如电动机转动说明启动部分损坏，如图 2-18 所示。

（2）三相电动机故障判断

① 绕组接地故障查找　先将电动机接成 Y 形，用兆欧表测试绕组与外壳绝缘电阻为零的即为接地相；打开极相组连线，用兆欧表测试绕组与外壳绝缘电阻为零的即为接地极相组；最后打开组内连线，用同样方法确定接地点，如图 2-19 所示。

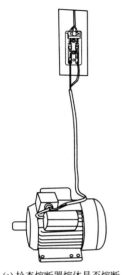

(a) 检查熔断器熔体是否熔断

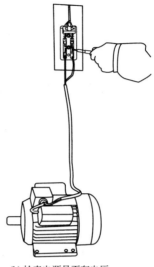

(b) 检查电源是否有电压

图 2-16　电动机不启动的检查

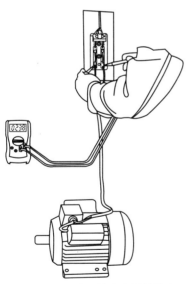

图 2-17　电动机转速变慢的检查

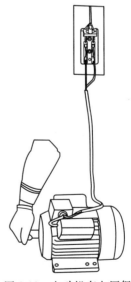

图 2-18　电动机有电压但
不启动的检查

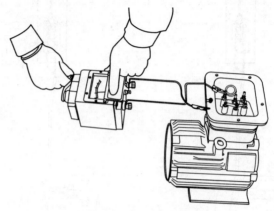

图 2-19　兆欧表法查找接地故障

　　② 绕组接线错误查找方法　将一相绕组两端接在毫安表上，另一相绕组经开关接干电池的两端，手碰接线端子的瞬间观察毫安表的指针，正偏说明电池正极所接线头与毫安表正接线柱所接线头同极性，反偏则反极性，如图 2-20 所示。

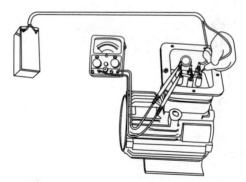

图 2-20　直流电极性法查找接线错误

2.3.2　电动机修理的方法

　　(1) 三相交流电动机的拆卸（图 2-21）

　　① 用螺丝刀拆除风罩螺钉，取下风罩。

　　② 取出固定卡簧。

　　③ 用螺丝刀轻轻撬出风叶。

④ 拆除轴承室小盖固定螺栓，卸下小盖。

⑤ 拆除前后端盖固定螺栓。

⑥ 将木棒一头顶在转轴非负荷端，用铁锤敲打木棒。

⑦ 待前端盖脱离定子后，两手将带前端盖的转子抽出。

⑧ 将木棒一头顶在后端盖上，用铁锤敲打木棒，直至将后端盖打掉。

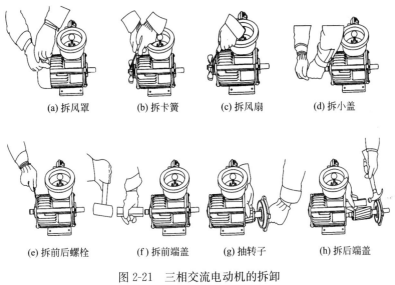

(a) 拆风罩　　　　(b) 拆卡簧　　　　(c) 拆风扇　　　　(d) 拆小盖

(e) 拆前后螺栓　　(f) 拆前端盖　　(g) 抽转子　　　(h) 拆后端盖

图 2-21　三相交流电动机的拆卸

（2）三相交流电动机的装配（图 2-22）

① 将前端盖安装在转轴负荷侧，可用橡皮锤辅助安装。

② 一手在负荷侧向定子内推，另一手在非负荷侧接，将转子送入定子腔内。

③ 深入止口后，用橡皮锤敲打，使端盖牢靠。

④ 安装前端盖固定螺栓，注意拧紧时要对称。

⑤ 安装后端盖并拧紧螺栓。

⑥ 安装轴承室小盖并固定螺栓。

⑦ 安装外风扇及固定卡簧。

⑧ 安装风罩。

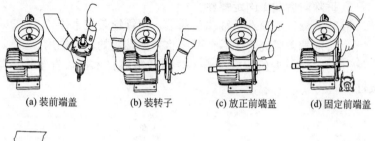

(a) 装前端盖　　(b) 装转子　　(c) 放正前端盖　　(d) 固定前端盖

(e) 装后端盖　　(f) 装小盖　　(g) 装风扇　　(h) 装风罩

图 2-22　三相交流电动机的装配

（3）单相交流电动机的拆卸（图 2-23）

① 用螺丝刀顶住销键，用手锤轻轻敲打螺丝刀，取出销键。

② 拆除螺钉，取下风罩。

③ 用螺丝刀轻轻撬动风扇，拿下风扇。

④ 拆除后端盖螺栓。

⑤ 用螺丝刀撬动后端盖，将其拆下。

⑥ 拆除前端盖螺栓，拆下前端盖。

⑦ 拆除离心开关电源线（电容运转型没有此项）。

⑧ 将转子抽出。

⑨ 用橡皮锤轻轻敲打前端盖，使其与转子脱离。

（4）轴承的检修

① 轴承的拆卸（图 2-24）

a. 旋松拉马顶丝，将拉马的三个拉爪拉住轴承外圆，顶丝顶住轴端中心孔。

b. 用扳手拧动顶丝，轴承就被缓慢拉出。

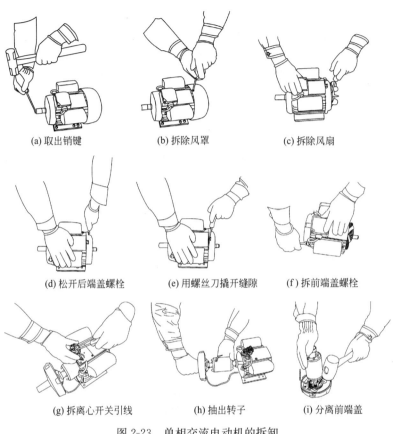

(a) 取出销键   (b) 拆除风罩   (c) 拆除风扇

(d) 松开后端盖螺栓   (e) 用螺丝刀撬开缝隙   (f) 拆前端盖螺栓

(g) 拆离心开关引线   (h) 抽出转子   (i) 分离前端盖

图 2-23   单相交流电动机的拆卸

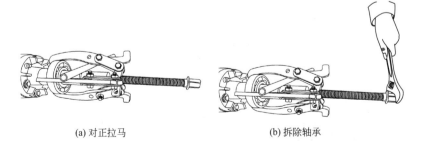

(a) 对正拉马   (b) 拆除轴承

图 2-24   轴承的拆卸

② 轴承的清洗方法（图 2-25）

a. 用螺丝刀或竹片刮除轴承钢珠（球）上的废旧润滑油。

b. 用蘸有洗油的抹布擦去轴承内的残存废旧润滑油。

c. 将轴承浸泡在洗油盆内，约 30min 后，用毛刷蘸洗油擦洗轴承，洗净为止。

d. 换掉洗油，更换新洗油，再清洗一遍，力求清洁。最后将洗净的转轴放在干净的纸上，置于通风场合，吹散洗油。

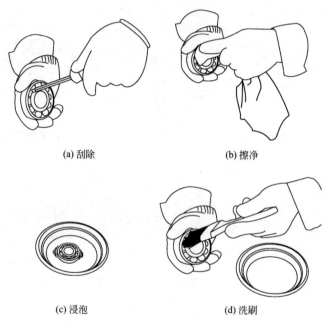

(a) 刮除　　　　　　　　　　(b) 擦净

(c) 浸泡　　　　　　　　　　(d) 洗刷

图 2-25　轴承的清洗方法

③ 轴承的加油方法（图 2-26）

a. 用螺丝刀或竹片挑取润滑油，刮入轴承盖内，用量占油腔 60%～70% 即可。

b. 仍用螺丝刀刮取润滑油，将轴承的一侧填满，用手刮抹润滑油，使其能封住钢珠（球）。用同样的方法给另一侧加油。

④ 滚动轴承的装配

a. 热装法：通过对轴承加热，使其膨胀，里圈内径变大后，

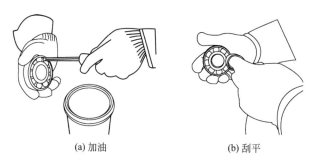

(a) 加油   (b) 刮平

图 2-26   轴承的加油方法

套在轴的轴承挡处。冷却后，轴承内径变小，从而与轴形成紧密配合。轴承加热温度应控制在 80～100℃，加热时间视轴承大小而定，一般为 5～10min。加热方法有油煮法、工频涡流加热法、烘箱加热三种。

b. 冷装法：一种是用套筒敲击的方法：选一段内径略大于轴承内径、厚度略超过轴承内圈厚度、长度大于轴承、外端面到轴伸端面距离的无缝钢管，将其内圆磨光，一端焊上一块铁板或塞上一个蘑菇头状的铁块抵在轴承内圈上，用锤子击打套筒顶部将轴承推到预定位置［见图 2-27(a)］。另一种是用铜棒敲击的方法：将铜棒

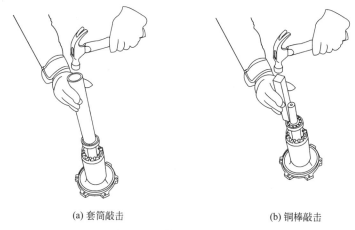

(a) 套筒敲击   (b) 铜棒敲击

图 2-27   轴承的冷装方法

沿圆周一上一下、一左一右的对称点击打 [见图 2-27(b)]。

(5) 单相电动机启动装置的修理

① 离心开关的检查 (图 2-28)

a. 离心开关用手沿轴向拨动应活动自如。

b. 感觉压力不足时可以考虑更换弹簧。

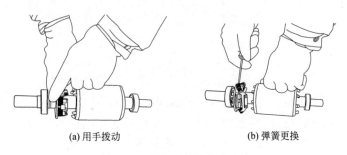

(a) 用手拨动　　　　　　　(b) 弹簧更换

图 2-28　离心开关的检查方法

② 离心开关的判断 (图 2-29)

a. 自然状态时用万用表测量直流电阻应为零。

b. 用器物拨开时，用万用表测量直流电阻不为零。

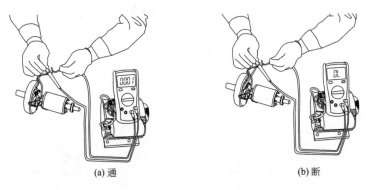

(a) 通　　　　　　　　　(b) 断

图 2-29　离心开关的判断

③ 离心开关的修理 (图 2-30)

a. 拆下触点座。

b. 先用铁锉锉平。

c. 再用砂纸抛光。

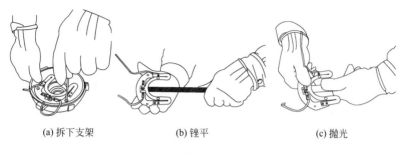

(a) 拆下支架   (b) 锉平   (c) 抛光

图 2-30　离心开关的修理

④ 兆欧表判断电容器好坏（图 2-31）

a. 用万用表给电容器充电。

b. 用导线迅速短接电容器两端，火花越大说明电容器越好。

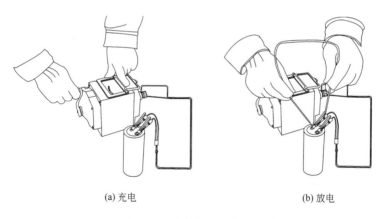

(a) 充电   (b) 放电

图 2-31　兆欧表判断电容器好坏

⑤ 电容器的测量（图 2-32）

a. 将万用表打到电容器挡。

b. 表笔接触电容器两接线端，开始时没有读数。

c. 过一段时间后万用表才有示数。

d. 使用完毕关闭万用表。

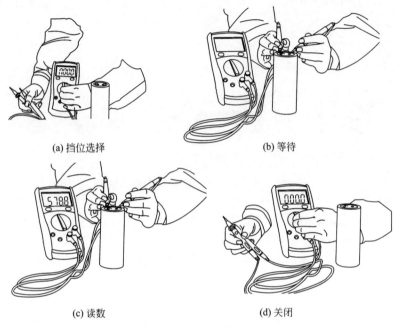

(a) 挡位选择　　　　　　　　　(b) 等待

(c) 读数　　　　　　　　　(d) 关闭

图 2-32　电容器的测量

第**3**章

⚡ 变压器

3.1 变压器的结构与工作原理

3.1.1 变压器的结构

变压器的基本结构包括器身（铁芯、绕组、绝缘、引线及调压装置）、油箱（油箱本体、附件及有载调控部分）、冷却装置、保护装置、出线套管及变压器油等。新型 10/0.4kV 小型密闭式配电变压器外形如图 3-1 所示。

（1）铁芯

变压器的磁路部分，由 0.35mm 或 0.5mm 硅钢片制成。

（2）绕组

变压器的电路部分，由带绝缘的导线制成。

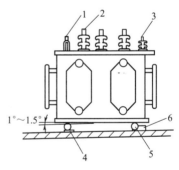

图 3-1 变压器外形图
1—油位计；2—高压套管；3—中性套管；4—垫铁；5—滚轮；6—制动铁

（3）油箱及其他附件

油箱内装有变压器油，起到绝缘和冷却的作用。

（4）套管

经过套管将引线从油箱内引出油箱外，起到绝缘作用。

（5）油位计

在 YW 管式油位计的中部有一个观察窗，正常情况下显示蓝色，当油面下降时变为红色。在其顶部有一个 YSF8-35/25 型压力释放阀，当变压器内部压力达到动作值时释放阀打开。

（6）温度计

用于测量变压器的上层油温。

3.1.2 单相变压器工作原理

当一次电压 u_1 加到绕组 W_1 两端时，流过的电流就在铁芯中产生磁通 Φ，这个磁通将在二次绕组 W_2 中感应电动势 e_2，此电动势 e_2 也是交变的，即按正弦规律变化，这样，能量就通过这一装置进行传输，见图 3-2。

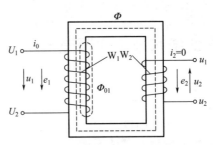

图 3-2　空载运行示意图

3.1.3 技术参数

（1）型号

根据国家标准规定，电力变压器的分类和型号如表 3-1 所示。

表 3-1　电力变压器的分类和型号

分类	类别	代表符号	
		新符号	旧符号
耦合方式	自耦	O	O
相数	单相	D	D
	三相	S	S
冷却方式	风冷式	F	F
	油浸风冷	F	F
	干式空气自冷	G	K

分类	类别	代表符号	
		新符号	旧符号
冷却方式	干式绕组绝缘	C	C
	强迫油循环	P	P
线圈数	双线圈	—	—
	三线圈	S	S

在变压器型号后面的数字部分，分子表示容量，单位为 kV·A；分母表示一次侧额定电压，单位为 kV。

（2）额定容量 S_N

指在额定条件下变压器的输出能力，即变压器副边的额定电压与额定电流的乘积，为视在功率，单位为 kV·A。

（3）额定电压 U_{1N} 和 U_{2N}

变压器在额定运行情况下，根据其绝缘强度允许温升规定的原边线电压值，称原边额定线电压 U_{1N}；变压器空载时的副边线电压的保证值，称作副边额定电压 U_{2N}。

（4）空载电流 I_{10}

指当变压器空载运行时，即副边开路原边施加额定电压时的电流值，一般用其占额定电流百分数（即 $\dfrac{I_{10}}{I_{1N}} \times 100\%$）表示。

（5）空载损耗 ΔP_0

变压器在空载状态时所产生的损耗，主要由铁芯的磁滞损耗和涡流损耗引起，所以又称铁损耗，单位为 kW。

（6）短路电压 U_{10}

当副边短路，在原边施加额定电流时的电压称短路电压，又称阻抗电压，一般都用其占额定电压的百分数（即 $\dfrac{U_{10}}{U_{1N}} \times 100\%$）表示。

（7）短路损耗 ΔP_d

当副边短路，在原边通过额定电流时所产生的损耗，称短路损耗，又称铜耗，单位为 kW。

3.2 配电变压器的安装

3.2.1 配电变压器的选择

配电变压器的选择一般包括容量、型号、安装位置和安装方式四项内容。

（1）容量的选择

① 所选择的变压器容量，既能满足用电需求，又能使容量得到合理的利用。也就是在高负载时不出现过载，又要使负载系数（实际用电负载/额定容量）能经常保持在30%以上。

② 在选择容量之前，必须做好负载统计工作。包括总用电设备容量，其中排灌、脱粒、农副产品加工、生活用电各自容量，最大一台电动机容量，近5年的电力发展计划等，以便确定变压器的容量和台数。

③ 在确定变压器的容量和台数时，要本着"小容量、密布点、短半径"的原则，尽量采用多台分布的小容量布局方式，避免单台大容量布设，以免引起供电范围过大，低压线路供电半径过长，增加线路建设投资，造成低压线损过大、运行费用和电价偏高的局面。

④ 选用变压器时，必须选用节能型产品，如选用S11系列低损耗变压器。

⑤ 根据负载的性质、季节性和用电需求，设置专用变压器，如电灌站、大型副业加工等，以满足生产和调节负载的需要。

（2）容量选择的常用方法

① 最大负载的计算方法如下：

$$S_N = \frac{K_S \sum P_L}{\eta \cos\varphi}$$

式中　S_N——变压器额定容量，kV·A；

　　　$\sum P_L$——计划年内负载功率，kW；

　　　K_S——同时率，是同一时间内用电的实际负载容量之和占总装机容量的比值，对于以动力用电为主的变压器 K_S 取 0.6～0.8，以生活、照明用电为主的变压器 K_S 取 0.5～0.7；

$\cos\varphi$——功率因数，取 0.8；

η——变压器的效率，一般取 0.8～0.9。

这种方法适用于在计划年限内电力发展目标明确、变动不大的情况及起始年的负载不低于变压器容量的 30％的情况。

② 容载比的计算　若电力发展计划不太明确或实施的可能性波动较大，则可依当年的用电情况来确定：

$$S_H = R_S P_H$$

式中　S_H——配电变压器在计划年限内（5 年）所需容量，kV·A；

P_H——当年的用电负载，kW；

R_S——容载比，一般不大于 3。

容载比可按下式估算：

$$R_S = \frac{K_1 K_4}{K_3 \cos\varphi}$$

式中　K_1——负载分散系数，农村低压电网取 1.1；

K_3——配电变压器经济负载率，取 0.6 或 0.7；

K_4——电力负载发展系数，一般取 1.3～1.5。

（3）型号的选择

变压器的型号很多，不同型号的变压器，其技术性能和自身的损耗不同，在满足使用要求的前提下，应优先选用损耗低的节能型产品，目前广泛应用的节能型配电变压器有 S9、S11 系列的铜绕组低损耗变压器。

（4）安装位置的选择

低压电网一般采用放射型单向供电，配电变压器的最佳位置应能使低压电网的线损、线路投资和消耗的材料最少，供电半径一般不应大于 0.5km。

选择配电变压器位置时应从以下方面进行综合考虑：

① 靠近负载中心。

② 避开易燃、易爆场所。

③ 避开污秽地带，如：采石、粉碎、石灰、水泥、烧砖、铸造、冶炼、化工以及化肥等场所。

④ 高压进线、低压出线方便。主要考虑高、低压进出线杆的设置和导线对地、对周围建筑物的水平、垂直安全距离。

3.2.2 配电变压器的安装及要求

配电变压器常用的安装方式有：杆架式、地台式、地式、室内配电室等几种。

（1）杆架式变压器的安装及要求

较小容量（如 100kV·A 以下）的配电变压器，可以采用杆架安装的方式，这种安装方式的优点是比较安全、结构简单、安装方便、占地面积小、节省资金。杆架式变台通常有单杆式和双杆式两种。

① 单杆式变台一般用于容量为 50kV·A 及以下的小容量变压器，这种变台是将变压器、高压跌落式熔断器和高压避雷器等装在一根电杆上。安装方法如图 3-3 所示。

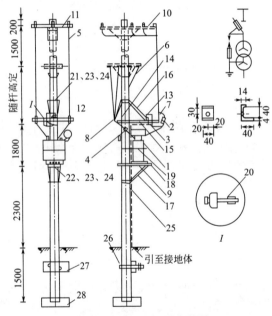

图 3-3　单杆变压器安装图

1—变压器；2—高压跌落式熔断器；3—高压避雷器；4—低压熔断器；5—高压引下线；6—低压引出线（绝缘线）；7—高压针式绝缘子；8—低压针式绝缘子；9—木垫板；10—高压引下线支架；11—高压引下线横担；12—高压熔断器横担；13—高压避雷器横担；14—低压出线横担；15—高压熔断器支持横担；16,17—斜支撑；18—变压器台架；19—镀锌铁丝；20—铁垫板；21,22—螺栓；23—垫片；24—螺母；25—接地引下线；26—卡盘抱箍；27—卡盘；28—底盘

② 双杆式变台一般用于容量为 50～100kV·A 的变压器，它由高压线路的下户线杆和另一根长 8m 左右的副杆组成，其安装图如图 3-4 所示。

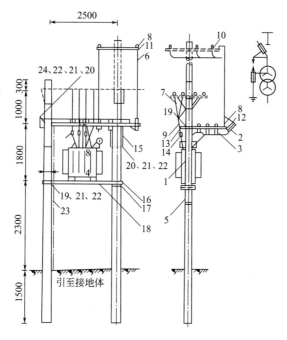

图 3-4　双杆变压器安装图

1—变压器；2—高压跌落式熔断器；3—高压避雷器；4—低压熔断器；5—测杆；6—高压引下线；7—低压引出线；8—高压针式绝缘子；9—低压针式绝缘子；10—高压引下线支架；11—高压引下线横担；12—高压熔断器安装横担；13—避雷器母线横担；14—低压出线横担；15—单斜撑；16—变压器台架；17—台架支持抱箍；18—变压器固定板；19,20—螺栓；21—垫片；22—螺母；23—接地引下线；24—钢管

③ 杆架式变台应满足以下安装技术要求：

a. 变台应设在负载中心或大用户附近，既要考虑检修方便，又要避开车辆和行人较多的场所。

b. 电杆埋设深度不宜小于 2m；吊装变压器要使用吊车；安装要牢固。

c. 高、低压引下线应采用耐气候型绝缘导线，其截面积不应小于 25mm² 。

　　d. 引下线的线间距离不应小于：高压为 300mm；低压为 150mm。

　　e. 变压器托架应有足够的机械强度，应能足够承受变压器的质量和检修人员的质量。

　　f. 变压器托架底部距地面的距离不应小于 2.5m，即人的伸手高度。

　　g. 变台上应装设"止步，高压危险！"或"禁止攀登，高压危险！"的警告牌，警告牌应设在距地面 2.5～3.0m 的明显部位。

　　h. 变压器底座与托架应固定牢靠，必要时上部也应用铁丝与电杆绑牢。

　　i. 高压跌落式熔断器距地面的高度不应小于 4m，相间距离不应小于 350mm。高压跌落式熔断器的安装角度一般为 25°～30°。

　　g. 变压器的外壳及托架应可靠接地；避雷器的相间距离不应小于 350mm。

　　k. 变压器安装后，套管表面应光洁，不应有裂纹、破损等现象；套管压线螺栓等零件应齐全。

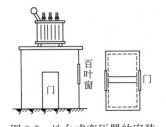

图 3-5　地台式变压器的安装

　　(2) 地台式变压器的安装及要求

　　这种变台可用砖或石头砌成，如图 3-5 所示。台高在 2.5m 左右，台面一般为 3m×2.5m 的长方形。整个地台为一个房间，室内摆放低压配电盘，前面设有门窗，前后设有百叶窗，以供通风降温；门口装设挡鼠板以防小动物进入。

3.3　配电变压器的运行与维护

3.3.1　变压器的检查与运行

　　(1) 变压器投入运行前应进行的检查

　　① 检查变压器的铭牌及试验单，看看是否是合格的变压器；各项指标是否达到了规定标准；并联运行的变压器还要查看是否符

合并联运行条件。

② 检查变压器外壳接地是否良好，用接地兆欧表测量接地装置的接地电阻是否合格（100kV·A 及以上的不大于 4Ω，100kV·A 以下的不大于 10Ω）。

③ 检查油面是否在油标所指示的正常范围以内，有无渗漏油现象，油标是否畅通，呼吸孔是否畅通。

④ 检查高低压套管及引线是否完整，螺钉是否松动。

⑤ 检查无载调压开关的位置是否正确，接触是否良好。

⑥ 检查高、低压熔丝选用是否合适，避雷器是否装妥。

⑦ 检查各种仪表是否齐全，接线是否正确。

⑧ 用 1000～2500V 兆欧表测量变压器的绝缘电阻，其绝缘电阻允许值应达到表 3-2 的要求。

表 3-2　10kV 配电变压器的绝缘电阻允许值　　　　MΩ

测量项目 \ 温度/℃	10	20	30	40	50	60	70	80
一次对二次	450	300	200	130	90	60	40	25
一次对地	450	300	200	130	90	60	40	25
二次对地	2				1			

（2）变压器的正确停送电

① 无论在什么情况下，变压器不允许带负载拉、合高压跌落式开关，以防止引起短路或烧伤事故。

② 为了安全，请严格执行变压器的下列停电操作顺序。

a. 先停二次侧，后停一次侧。

b. 在停二次侧时，必须是先停分路开关，再停总开关。

c. 为防止误操作，在拉开高压开关时要先检查低压开关是否在拉开位置。

d. 为防止风力作用造成相间弧光短路，在停跌落式开关时，应先拉中间相，再拉被风相，后拉迎风相。

③ 为了安全，请严格执行变压器的下列送电操作顺序：

a. 送电操作顺序与停电相反，即先送一次侧，后送二次侧。

b. 在合一次侧跌落式开关时，应先合迎风相，再合被风相，最后合中相。

c. 在合二次侧开关时，应先合低压侧总开关，后合低压分路开关。

④ 无论是停电操作还是送电操作都应注意如下几点：

a. 操作要使用合格的安全工具，操作要有专人监护。

b. 变压器只有在空载状态下才允许操作一次侧跌落式开关。

c. 尽量不要在雨天或大雾天操作变压器，以免产生大的电弧。

（3）无载调压开关的正确操作方法

① 先将变压器停电，并采取相应的安全措施。

② 旋出调压开关上风雨罩的圆头螺钉，取下风雨罩。

③ 根据电压情况，确定要调节的挡位。

④ 因分接开关的分接头长期处于变压器油中，很可能产生氧化膜，容易造成调整后接触不良，所以在变换分接头时，应正、反方向反复转动几次，以便消除触点上的氧化膜及油污，然后将分接头固定在所需要的位置。

⑤ 为防止调整后接触不良，切换完分接头后，还应用电桥或万用表测量绕组的直流电阻。部颁标准规定，1600kV·A 及以下的变压器，各相绕组的电阻，相间差别一般不大于三相平均值的 4%，线间差别一般不大于三相平均值的 2%，测得的相间差与以前相应部位测得的相间差比较，其变化不大于 2%。

⑥ 测量完毕后，应先对绕组放电，然后再拆测量接线，以防发生残余电荷触电事故。

⑦ 若测得结果一切正常，则可以检查锁紧位置，盖上风雨罩，使变压器投入运行，并对分接头的变换情况做好记录。

（4）配电变压器的运行标准

① 允许温升。油浸式变压器运行中的顶层油温不应超过85℃，最高不得高于 95℃，温升不得超过 55℃，顶层油的温升不宜经常超过 45℃。

② 允许负载。变压器一般不允许过载运行。变压器过载运行会使温度升高。决定变压器使用寿命的主要因素是绝缘的老化程度，而温度对绝缘老化起着决定性的作用。研究结果证明，工作时的温度每升高 8℃时，其寿命就会减少一半。只有在特殊情况及高

峰负载时允许有适量的过负载，过负载的倍数和允许的持续时间见表 3-3。

表 3-3　变压器允许过负载的倍数和允许的持续时间　　　　h：min

过负载倍数	过负载前顶层油的温升/℃					
	18	24	30	36	42	48
1.05	5：50	5：25	4：50	4：00	3：000	1：30
1.1	3：50	3：25	2：50	2：10	1：25	0：10
1.15	2：50	2：35	1：50	1：20	0：35	
1.2	2：05	1：40	1：15	0：45		
1.25	1：35	1：15	0：50	0：25		
1.3	1：10	0：50	0：30			
1.35	0：55	0：35	0：15			
1.4	0：40	0：10				
1.45	0：25	0：10				
1.5	0：15					

③ 三相负载平衡。接线组别为 Yyn0 的配电变压器，三相负载应尽量平衡，不得仅有一相或两相单独供电，中性线的电流不应超过低压侧额定电流的 25％。

（5）减少变压器空载损坏的方法

① 及时停用无负载的变压器。

② 合理控制变压器的运行台数。

③ 采用母子式变压器，当负载减少时，可根据需要及时切换成小容量变压器。通常，变压器负载系数小于 30％ 时，就应更换为较小容量的变压器。

（6）运行中变压器巡视检查的规定

配电变压器在运行中要定期进行检查，每两个月至少检查一次。变压器停用后和送电前都应进行检查。大风、大雾、雨雪天气时应增加检查次数。

（7）变压器的特殊巡视

变压器除了进行正常的定期检查外，还应进行必要的特殊检查。如雷雨过后重点检查套管有无破损或放电痕迹，高压熔丝是否完好；大风过后，应检查变压器的高、低压引线有无剧烈摆动现象，连接处是否松脱或晃动，有无其他杂物刮到变压器上；必要时应定期进行夜间巡视，检查套管有无放电，引线、导电杆连接处、高压跌落式熔断器和低压熔断器有无烧红、放电等白天不容易发现的缺陷。

（8）变压器声音的判断

变压器正常运行时声音应当是清晰、均匀、有规律的"嗡嗡"声，若有不正常声音说明变压器内部有缺陷或低压线路有故障。试听声音时，可将绝缘杆的一端触在变压器外壳上，另一端贴紧耳朵，这样听起来声音更清楚。

① 声音比平时沉重，但无杂声，一般为变压器过负载引起，过负载也是引起变压器烧坏的主要原因，应设法适当减轻变压器的负载。若低压线路有短路故障也会出现上述情况，因此，应对低压线路进行检查。

② 声音尖锐。一般为变压器电源电压过高引起。电源电压过高不利于变压器的运行，对用户用电设备也不利，还会增加变压器的铁损。因此，应及时向供电部门报告。

③ 声音嘈杂、混乱。变压器内部结构可能有松动。若主要部件有松动会影响变压器的正常运行，应及时检修。

④ 出现"噼啪"的爆裂声。可能是变压器绕组或铁芯的绝缘有击穿现象。这种情况会造成严重事故，应立即停电检修。

⑤ 有时由于系统短路或接地，因通过大量的短路电流，也会使变压器发出很大的噪声。

⑥ 有时由于铁芯谐振，会使变压器发出粗、细不匀的噪声。

⑦ 有时因跌落式熔断器触点接触不良，无载调压分接开关接触不良，也会引起杂声。

（9）运行中变压器发生下列紧急事故应立即停电处理

① 变压器内部有异常声音、放电声、冒烟、喷油和过热现象。

② 负载、环境温度正常，上层油温超过了允许值。

③ 漏油、严重渗油，油标上见不到油面。

④ 绝缘油严重老化，油色显著变黑，出现大量明显的碳质时。

⑤ 导电杆端头过热、烧损、熔接。

⑥ 瓷件裂纹、击穿、烧损，瓷群损伤面积超过 $100mm^2$。

（10）运行中变压器油面高度的正确观察

变压器正常运行时的油面应在油位计的 $1/4 \sim 3/4$ 之间。正常情况下油位略有上升或下降是因温度变化造成的，若油面显著下降，甚至从油位计中看不到油位，这是因为变压器出现了漏油、渗油现象，往往是变压器油箱损坏、油门没有拧紧、变压器顶盖没有盖严、油位计损坏等原因造成的。油位太低会加速变压器油的老化，使变压器绝缘情况恶化，进而引起严重后果。所以要及时添加油，如渗、漏油严重，应将变压器停止运行进行修理。

（11）运行中变压器油色的正确观察

新变压器油的颜色应呈浅黄色，运行后应呈浅红色。若油色变暗，说明变压器的绝缘有老化现象；若油色变黑，油中含有碳质，甚至有焦臭味，说明变压器内部有故障，如铁芯局部烧坏、线圈相间短路等，这将会导致严重后果，应将变压器停止运行进行修理，更换合格的变压器油。

（12）变压器油温的正确观察

变压器的油温可以通过箱盖上的玻璃温度计来观察，若变压器上层油温超过了允许值，这可能是变压器过负载、散热不好引起的。若变压器的电压、电流、周围环境温度没有异常，而温度比过去高出 10℃ 以上，或者变压器负载不变，油温不断上升，可判定为变压器内部有故障，如铁芯严重短路、绕组匝间短路等。油温过高会损坏变压器的绝缘，严重的会烧坏整个变压器，因此，一旦发现变压器的油温过高，应采取减轻负载、停止运行进行修理等相应措施。另外，在检查变压器的油温时要注意安全距离，人体与高、低压导电部分的距离不得小于 0.35m。

（13）运行中变压器套管、引线的正确观察

正常运行的变压器套管应清洁、无裂纹、无破损和无放电痕迹，导线和导电杆的连接螺栓应紧固且无变色现象。若套管表面不清洁或有裂纹和破损时，会造成套管表面有泄漏电流，在阴、雨、大雾等天气里泄漏电流会增大，甚至造成对地放电现象，轻则发出

"吱吱"的闪络声，较严重时还会发出"噼啪"的放电声，很容易因对地放电而将套管击穿，造成变压器引出线一相接地。因此，发现套管对地放电时，应将变压器停止运行更换套管。还要注意套管上是否落有杂草、树枝或其他杂物，若套管之间搭接有导电的杂物，有时会造成套管间放电，发现异常，要迅速采取措施，注意及时清除。引线和导电杆发热后也会变色，在晚上检查时甚至会发现有烧红的现象。

（14）变压器三相负载不平衡的处理方法

① 为了保证变压器的合理运行，三相变压器每相负载的分配应保证在一天大部分时间和高峰负载期三相基本平衡，满足三相负载电流不平衡度不大于 15％，中性线电流不得超过额定电流的25％的规定。

② 新安装的负载接线时，要按实际负载统计，把三相负载配置均衡。

③ 对运行的变压器，要注意及时观察测量其负载电流。对装有分相电流表的随时都可以看出负载分配情况；对于没有装分相电流表的，可用钳形电流表测量各相或中性线的电流，并根据实测情况及时把负载调整到基本平衡状态。

3.3.2　变压器的维护与维修

（1）变压器油取样的正确方法

为了检查变压器的绝缘状况，配电变压器的油质应每 3 年进行一次检验，正确的取样方法应当是：

① 取油样时，应在天气干燥时进行。取油样的瓶子，须经干燥处理，防止带入水分。

② 油量应一次取够，根据试验的需要，做油的耐压试验时，油量不少于 0.5L；做简化试验时，油量不少于 2L。

③ 取油样时，应在变压器下部放油阀处，先放出少量油，擦净阀门。用取出的变压器油，冲洗样瓶两次，然后方可灌瓶取样。

④ 灌瓶前，把瓶塞用净油洗干净，将变压器油灌入瓶后，立即将瓶盖盖好，并用石蜡封严瓶口，以防受潮。

（2）正确添加变压器油的方法

① 加入的变压器油，要求与运行中变压器内绝缘油的牌号一

致，并经试验合格。

② 加油前应将储油柜内储存的油进行排污，排污应直到没有水分和杂质为止。

③ 加油应从变压器储油柜上的注油孔处进行，加油量应按照油位表刻度加到合适的位置。

④ 对较大容量的变压器，补油过程中，应及时排放油中的气体，运行24h之后，方可将重瓦斯投入运行。

⑤ 加油后应检查油孔螺钉是否拧紧，并检查进出气孔是否畅通，防止雨水进入。

（3）变压器发生火灾事故的处理方法

发生变压器火灾时，首先要断开电源，并迅速用不导电的灭火器或干燥的沙子灭火，严禁用水或其他导电的灭火器灭火。

若油溢到油箱盖上着火，可打开下部放油门，使油位适当降低。

若变压器内部故障引起着火，则不能放油，以防变压器爆炸。

（4）变压器的熔丝经常熔断的原因

① 低压熔丝熔断的原因可能会有三个方面，即低压线路短路，二次侧负载过大，熔丝规格选择偏小。

② 高压熔丝熔断的原因可能是：避雷器安装在高压熔丝内侧，遭雷击时熔丝熔断；变压器内部发生断路故障；低压熔丝选用规格过大，当二次侧有故障时发生越级熔断；高压熔丝本身规格选择偏小。

（5）测量负载的方法

长期过负载是烧坏变压器的主要原因，测量负载应选在用电高峰期进行，看其是否有超负载运行的情况。测量时应分别测量二次侧的三相负载，若三相负载相差很大，要及时做好三相负载的平衡调整，因为在三相负载不平衡的情况下运行，会造成有的相过载，有的相欠载，同时也会增大电能损耗。

（6）变压器烧毁的主要原因

若运行中的变压器发出轰鸣声，并伴有喷油、冒烟甚至着火现象时，说明变压器已经烧毁，发生这种事故的主要原因有：

① 变压器本身绝缘老化，绝缘性能破坏，发生了内部故障而

引起烧毁。

② 遭雷击烧毁。变压器应设有防止雷击过电压损坏的避雷装置（如避雷器），如果雷击产生的高电压值超过了所选用避雷器的额定保护能力，或避雷器本身就不合格，则变压器会遭受雷击。所以要求选择适当的避雷器，且应定期试验合格。避雷器接地应良好，接地电阻应符合标准，否则也会因雷电流泄漏不及时而引起变压器的雷击烧毁事故。

③ 因二次侧过负载或低压线路发生断路而烧毁。这种情况在农村用电中最为常见，农忙季节用电集中，用电量过大，往往会造成变压器长时间过负载运行而烧坏变压器，农村低压线路维护管理不善也会发生短路故障而烧毁变压器。所以，变压器要严禁长时间过负载运行，而且应严格按要求配置适当的高、低压熔丝，不得选择过大的熔丝，以免电流过大时熔丝没有熔断而烧毁变压器。

④ 接拆变压器时，因用力过猛有可能将低压螺杠拧转一个角度，使低压引线片碰触油箱内壁，运行合闸时造成单相接地短路烧毁变压器。所以在拆接变压器时要引起注意。

⑤ 在调整变压器电压分接开关时，没有将开关调准到挡位上，造成一次线圈部分短路。所以在调整电压分接开关时，一定要调准位置，并经测试接触良好，然后再用销钉加以固定。

（7）绝缘电阻的正确测量方法

摇测变压器的绝缘应在天气干燥时进行，并且应在停电后立即进行测量。在进行绝缘电阻的测试时，要把瓷群套管清扫干净，拆去全部引线和零相套管的接地线，测量高压绕组对低压绕组和高压绕组对地间的绝缘电阻时选用 2500V 兆欧表，测量低压绕组对地间的绝缘时选用 1000V 兆欧表，以 120r/min 的转速分别摇测一次绕组对地（外壳）、二次绕组对地和一次、二次绕组之间的绝缘电阻，其标准值见表 3-2。当测得的绝缘电阻非常小时，还应分别摇测 R_{15} 和 R_{60} 两个值，测出吸收比，以便进一步判断是绝缘损坏还是绝缘受潮。一般没有受潮的绝缘，吸收比应大于 1.3。受潮或有局部缺陷的绝缘，吸收比接近于 1。

读取绝缘值之后，不应立即停止摇动，应先取下相线再停止摇动，否则易损坏兆欧表。摇完绝缘电阻后，还应将变压器绕组放电，以防发生触电。

（8）变压器二次侧熔断器熔体熔断的处理方法

① 非故障性熔断。熔体熔断在压接处或其他部位，一般无严重烧伤痕迹。其原因可能是：熔体截面小；安装时熔体有伤痕缺陷；熔断器的瓷底座固定不牢；熔体压接不紧密；熔体运行时间过长而产生铜铝氧化膜，使接触电阻变大。这种情况，换上原规格容量的熔体即可恢复正常运行。

② 过载熔断。通常是在熔体的中间部位熔断，很少有电弧烧伤痕迹。此时应查明过载原因，减轻部分负载，防止过载运行。不允许盲目加大熔丝的规格容量。

③ 短路熔断。熔体严重烧伤，熔断器瓷底上残留明显的电弧烧伤痕迹，其原因可能是低压侧线路的中性线与相线或者相线之间发生了短路故障。此时应仔细检查由该变压器供电的低压侧线路与设备，待查出故障点并予以处理后再恢复送电。在未查出故障点前不得随意送电。值得注意的是在较长的低压线路末端发生短路时，由于线路阻抗大，短路电流相对较小，熔体烧伤也可能会不太严重。

对消除原因后重新投入运行的变压器，要进行必要的观察，即使声音、外观正常，也应测量其二次电流值，如果明显超过额定值，应使变压器停止运行，继续查明原因并加以处理后，再投入运行。

（9）变压器一次侧熔断器熔体熔断的处理方法

首先判断是一相熔断还是两相熔断，若为高压一相熔断，作为单相变压器则表现为低压用户全部断电；作为 Yyn0 接线的变压器则表现为低压一相断电。若为高压两相断电，作为三相变压器其二次侧则表现为全部无电。当变压器一次侧熔体熔断时，应根据事故现象，查出原因，检修和处理后再投入运行。首先应检查一次侧熔断器和防雷间隙等是否有短路接地现象。当外部检查无异常时，则有可能是由变压器内部故障引起，应仔细检查变压器是否有冒烟或油外溢现象，检查变压器温度是否正常。然后再用兆欧表检查一、二次绕组之间，一、二次绕组对地的绝缘电阻值。测量变压器绝缘电阻值时，应根据电压等级的不同，选用不同电压等级的兆欧表，并应在停电情况下进行测量。

有时变压器内部绕组的匝间或层间短路也会引起一次侧熔断器熔断，如用兆欧表检查变压器的绝缘缺陷，则可能检查不出来，这时，应用电桥测量绕组的直流电阻值，以便进行判断。经全面检查判明故障原因，并排除后方可再投入运行。

第4章

常用高低压电器

4.1 常用高压电器

4.1.1 跌落式熔断器

（1）跌落式熔断器的用途

10kV跌落式熔断器广泛应用于配电变压器和线路的过载及短路保护和电路控制，并对被检修及停电的电气设备或线路起明显断开点的隔离作用。它可以分、合正常情况下 560kV·A 及以下容量的变压器空载电流；可以分、合正常情况下 10km 及以下长度的架空线路的空载电流；也可以分、合一定长度的正常情况下的电缆线路的空载电流。

（2）高压熔断器的组成

① 户内限流式熔断器结构如图 4-1(a) 所示。

a. 熔丝管：熔丝管的外壳为瓷管，管内充填石英砂，以获得良好的灭弧性能。

b. 触点座：熔丝管插接在触点座内，以便于更换熔丝管。触点座上有接线板，以便于与电路相连接。

c. 绝缘子：是基本绝缘，用它支持触点座。

d. 底板：钢制框架。

② 户外高压跌落式熔断器结构如图 4-1(b) 所示。

a. 导电部分：上、下接线板，用以串联接于被保护电路中；

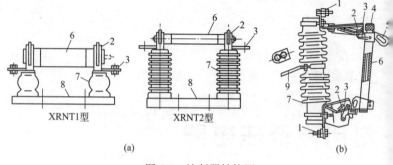

图 4-1 熔断器结构图

1—接线座；2—静触点；3—动触点；4—管帽；5—操作环；
6—熔丝管；7—绝缘子；8—底座；9—固定安装板

上静触点、下静触点，用来分别与熔丝管两端的上、下动触点相接触，以进行合闸，接通被保护的主电路；下静触点与轴架组装在一起；下动触点与活动关节在一起，活动关节下方带有半圆轴，此轴嵌入轴架槽中，活动关节靠拉紧的熔丝闭锁。

b. 熔丝管：由熔管、熔丝、管帽、操作环、上动触点、下动触点、短轴等组成。熔管外层为酚纸管或环氧玻璃布管，管内壁套以消弧管，消弧管的材质是石棉，它的一个作用是防止熔丝熔断时产生的高温电弧烧坏熔管，另一个作用是产气以利于灭弧。

c. 绝缘部分：绝缘子。

d. 固定部分：在绝缘子的腰部有固定安装板。

（3）10kV 跌落式熔断器的选择

① 熔断器本体的选择

a. 按熔断器使用的环境条件选择跌落式熔断器的型号。

b. 熔断器的额定电压和额定电流不能小于工作电压和工作电流。熔断器熔管的额定电流应大于或等于熔体的额定电流。

② 熔断器熔体的选择

a. 作为变压器过负载保护时，熔断器的熔体额定电流应等于或稍大于变压器的额定电流。

b. 作为分支线路保护时，熔断器的熔体额定电流应按实际负载电流选择。

c. 熔体的额定电流不应大于熔管的额定电流。

d. 用于 100kV·A 及以下的变压器时，其熔丝可按变压器 2～倍的额定电流选用。用于 100kV·A 及以上的变压器时，其熔丝可按变压器 1.5～2 倍的额定电流选用。

e. 在选择跌落式熔断器的熔丝时，要注意与上一级保护的配合，不要出现越级跳闸现象的发生。

(4) 10kV 跌落式熔断器的安装

对于跌落式熔断器的安装应满足产品说明书及电气安装规程的要求，图 4-2 所示为安装方式的一种。安装时应注意以下几个问题：

① 安装应牢固可靠，使熔管向下应有 15°～30°的倾斜角。

② 熔管长度应适当，合闸后被鸭嘴舌扣住的触点长度要在 2/3 以上，以防运行中发生自行跌落的误动作。但熔管也不能顶住鸭嘴，以防熔丝熔断后，熔管不能自行跌落。

③ 10kV 跌落式熔断器的相间安装距离不应小于 0.5m。

④ 熔丝管底端对地面的距离，不宜小于 4.5m。

⑤ 对下方的电气设备的水平距离，不宜小于 0.5m。

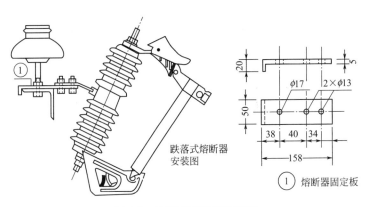

图 4-2　跌落式熔断器安装图

(5) 10kV 跌落式熔断器的操作

操作跌落式熔断器时，应有专人监护，使用合格的绝缘手套，穿绝缘靴，戴绝缘帽，戴防护眼镜。操作时动作要果断、准确而又不要用力过猛、过大。要使用合格的绝缘杆来操作。对 RW3-1□型，拉闸时应往上顶鸭嘴；对 RW4-10 型，拉闸时应用绝缘杆金属端钩穿入熔丝管的操作环中拉下。合闸时，先用绝缘杆金属端钩穿入操作环中，令熔丝管绕轴向上转动到接近上静触点的地方，稍加停顿，看到动触点确已对准静触点后，果断迅速地向上方推，使动触点与静触点良好接触，并被锁紧机构锁紧，然后轻轻退出绝缘杆。

正确的操作顺序是：在拉开跌落式高压熔断器时，应先拉开中间一相，然后拉开背风的一相，最后拉开迎风的一相。

合上跌落式高压熔断器时，顺序与此相反，即先合迎风相，再合背风相，最后合中间相。

操作者站立的位置不应正对跌落式熔断器，以防电弧或其他物件落下伤人。

（6）高压跌落式熔断器的巡视检查内容

① 瓷绝缘部分应完整，铸件无松动；

② 上、下两部分触点位置应在一直线上，不能上下扭歪；

③ 熔丝管与触点的接触应紧密；

④ 压紧弹簧片的弹性应良好；

⑤ 熔丝管上、下部位触点位置的距离应合适，以便灵活拉、合；

⑥ 静触点上的防护金属盖弹簧应完好，使合闸后闭锁正常灵活；

⑦ 触点的接触面应光滑无麻点；

⑧ 熔丝管应完好，外绝缘层表面无损伤变形；

⑨ 各活动部位应涂润滑油；

⑩ 熔体完整无损伤并与负载相配合；

⑪ 熔断器安装角度和相间距离应符合规程要求。

（7）跌落式熔断器的主要检修内容

对跌落式熔断器，一般每隔四年应定期进行一次大修，每年在清扫中及雷雨后要进行一次检查和调整。检修调整的内容有：

① 将跌落式熔断器的后卡箍固定牢靠，保持熔断器的俯角在 15°～30°以内，以保证当熔丝熔断后，熔丝管能正常跌落。

② 绝缘子部分及熔丝管应无裂纹、损伤和放电现象。

③ 相间距离不应小于 500mm。

④ 熔丝管脱漆、膨胀、弯曲变形后应予更换；熔丝管不可过长或过短，下端应制成圆角，防止磕伤熔丝。

⑤ 检查熔丝容量是否合格，如不合格应予更换。

⑥ 触点生锈时，要用细砂纸打光，保证接触良好。

⑦ 检查触点弹簧是否良好，铸件有无砂眼裂纹，挂钩是否光滑，上鸭嘴是否过松、过紧，是否有夹住或影响熔丝管跌落，或易造成误跌落的情况。

⑧ 上下引线对其他构件的安全距离不应小于 200mm。

（8）跌落式熔断器常见故障及原因

① 烧坏熔丝管故障。在小电网中，多是由于熔丝熔断时，熔丝管不能迅速跌落。在较大电网中，常是由于故障容量超过了熔丝的断流容量。

② 熔丝管误跌落故障。熔丝管的长度与熔断器固定接触部分的尺寸不配套时，一遇大风就容易被吹落；或由于操作马虎未合紧，稍受振动便自行跌落；或由于熔断器上部静触点的弹簧压力过小，且鸭嘴内的直角突起处被烧坏或磨损，不能挡住管子，造成误跌落。

③ 熔丝误熔断故障。如果熔丝的误熔断重复发生，常常是因为熔丝选得太小或与下一级配合不当，而发生越级熔断，这时应按照规定选择合适的熔丝。有时因熔丝本身质量不好，焊接处受温度和机械的作用而脱开，也会发生误熔断故障。

4.1.2 高压隔离开关

（1）高压隔离开关的用途

使电气设备在检修或备用中，与正在运行的电气设备隔离，形成一个明显可见的断开点，以保证检修人员的安全。隔离开关没有灭弧能力，不能断开负载电流和短路电流，一般用于在无载有电压的情况下开合电路。

（2）高压隔离开关的类型

隔离开关按极数分为单极和三极，按安装地点分为室内型（GN系列）和室外型（GW 系列），其外形分别如图 4-3 和图 4-4 所示。

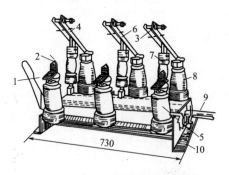

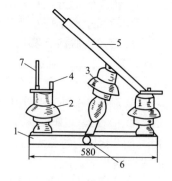

图 4-3　GN-10 型户内隔离开关外形

1—连接板；2—静触点；3—接触条；
4—夹紧弹簧；5,8—支持绝缘子；
6—镀锌钢片；7—拉杆绝缘子；
9—传动主轴；10—底架

图 4-4　GW-10/200 型户外隔离
开关外形（一个极）

1—支架；2—绝缘子；3—活动绝
缘子；4—静触点；5—动触点；
6—转动主轴；7—弧角

（3）使用高压隔离开关可以进行的操作

按规程规定，可进行下列操作：

① 接通或断开电压互感器和避雷器电路。

② 接通或断开电压为 35kV，容量为 1000kV·A 及以下的空载变压器。

③ 接通或断开电压为 10kV，长度在 5km 以内的空载线路。

④ 接通或断开电压为 35kV，长度在 10km 以内的空载线路。

（4）高压隔离开关的使用注意事项

① 严禁带负荷拉隔离开关。

② 手动合隔离开关时，必须迅速果断，但在合闸终了时，不要用力过猛，以防止合过头及损坏支持瓷瓶。合闸开始时，如发生弧光，则应该将隔离开关迅速合上；如发生误操作，不得再行拉开，此时只能用断路器来切断该回路，才允许将误合的隔离开关拉开。

③ 手动拉隔离开关时，应迅速拉开，以便顺利消弧。

④ 操作隔离开关后，必须检查隔离开关的开合位置，因为有时由于操作机构有毛病或调整得不好，虽然操作完，但实际上未合好或拉开（距离不够）。

（5）隔离开关的正确操作

① 合闸时，在确认与隔离开关连接的断路器等开关设备处于分闸位置上后，站好位置，果断迅速地合上隔离开关，而合闸作用力不宜过大，避免发生冲击，同时保证主刀开关与静触点接触良好。

② 若为单极隔离开关，合闸时应先合两边相，后合中间相。拉闸时应先拉中间相，后拉两边相，而且必须使用合格绝缘棒来操作。

③ 分闸时，在确认断路器等开关设备处于分闸位置后，应缓慢操作，待主刀开关离开静触点时迅速拉开。操作完毕后，应保证隔离开关处于断开位置，并保持操作机构锁牢。

④ 用隔离开关来切断变压器空载电流、架空线路和电缆的充电电流、环路电流和小负荷电流时，应迅速进行分闸操作，以达到快速有效的灭弧。

⑤ 送电时，应先合电源侧的隔离开关后合负荷侧隔离开关。断电时，先拉负荷侧隔离开关后拉电源侧的隔离开关。必须严格按照操作规程进行操作，以确保安全。

（6）高压隔离开关的巡视检查内容

① 通过的电流不得超过额定值，各触点和隔离开关动、静触点间接触应良好，温度不得超过 70℃，值班员可采用红外线测温、变色漆或示温蜡片进行测试和监视。

② 绝缘子完整无裂纹，无电晕和放电现象。

③ 操作连杆及各机械部分应无损伤、开焊、锈蚀，各部件应紧固，位置应正确，无歪斜、松动、脱落，引线无断股等不正常现象。

④ 闭锁装置应良好。当隔离开关拉开后，应检查电磁锁、机械闭锁或程序锁的销子确已锁牢，辅助触点位置应正确且接触良好。

⑤ 隔离开关动触点的消弧角应无脏污，无烧伤痕迹，弹簧片、弹簧及铜辫子引流线无断股现象。

⑥ 接地隔离开关应接地良好。应注意检查其可见部分，特别是易损坏的可动部分。

⑦ 电动操动机构及机构箱门应锁好，操动机构箱内二次设备无异常，熔断器、热耦继电器、加热器、二次线等应完好。

（7）隔离开关的检修项目

① 清扫瓷件表面的灰尘，检查瓷件表面是否有掉釉、破损，有无裂纹和闪络痕迹，绝缘子的铁、瓷结合部位是否牢固，若破损应更换。

② 擦净刀片、触点和触指上的油污，检查接触面是否清洁，有无机械损伤、氧化膜和过热痕迹及扭曲、变形等现象。必要时用砂纸打磨触点表面或拆下触点、刀片等，用细锉整修触点表面，再涂凡士林油，表面镀银的接触面，不能用砂纸或细锉整修，否则应重新镀银。

③ 检查触点或刀片上的附件是否齐全，有无破损。

④ 检查连接隔离开关的母线、断路器引线是否牢固无过热现象。

⑤ 检查软连接部件有无折损、断股现象。

⑥ 检查并清扫操作机构和传动部分，并加入适量的润滑油。

⑦ 检查传动部分与带电部分的距离是否符合要求，定位和自动装置是否牢固、动作正确。

⑧ 检查隔离开关的底座是否良好，接地是否可靠。

（8）隔离开关的调整

① 合闸时，用 0.55mm 塞尺检查触点是否紧密，对线接触应塞不进去；对面接触，塞入深度应不大于 4~6mm，否则应对接触面进行锉修或整形，保持接触良好。

② 触点弹簧各圈间的间隙，在合闸位置时不应小于 0.5mm，并要求间隙均匀。

③ 组装后将其缓慢合闸，观察刀开关是否对准固定触点的中心落下或进入，有无偏卡现象。若有应调整绝缘子、拉杆或其他部件，以消除间隙。

④ 刀开关张角或开距应符合要求，室内的隔离开关在合闸后，刀开关应有 3~5mm 的备用行程，三相同期性应一致。

⑤ 辅助触点的切换是否正确，并保持接触良好。

⑥ 闭锁装置应正确、可靠。

4.2 常用低压电器

4.2.1 刀开关

（1）刀开关的用途

刀开关主要用于成套配电设备中隔离电源，亦可用于不频繁地接通和分断电路，外形如图 4-5 所示。刀形转换开关除上述功能外，还可用于转换电路，从一组连接转换至另一组连接。

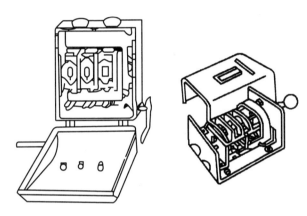

图 4-5　刀开关外形图

当刀开关加装栅片灭弧室（灭弧罩），并用杠杆操作时，也能接通或分断额定电流。

（2）刀开关的选用

① 确定刀开关的结构形式：选用刀开关时，首先应根据其在电路中的作用和其在成套配电装置中的安装位置，确定其结构形式。如果电路中的负载是由低压断路器、接触器或其他具有一定分断能力的开关电器（包括负荷开关）来分断的，即刀开关仅仅是用来隔离电源时，则只需选用没有灭弧罩的产品；反之，如果刀开关必须分断负载，就应选用带灭弧罩，而且是通过杠杆操作的产品。此外，还应根据操作位置、操作方式和接线方式来选用。

② 选择刀开关的规格：刀开关的额定电压应等于或大于电路的额定电压。刀开关的额定电流一般应等于或大于所关断电路中各个负载额定电流的总和。若负载是电动机，就必须考虑电动机的启动电流为额定电流的 4～7 倍，甚至更大，故应选用额定电流大一级的刀开关。此外，还要考虑电路中可能出现的最大短路电流（峰值）是否在该额定电流等级所对应的电动稳定性电流（峰值）以下。如果超过，就应当选用额定电流更大一级的刀开关。

（3）刀开关的安装

刀开关应垂直安装在开关板上，并要使静插座位于上方。若静插座位于下方，则当刀开关的触刀拉开时，如果铰链支座松动，触刀等运动部件可能会在自重作用下向下掉落，同静插座接触，发生误动作而造成严重事故。

（4）刀开关的使用和维护

① 刀开关作电源隔离开关使用时，合闸顺序是先合上刀开关，再合上其他用以控制负载的开关电器。分闸顺序则相反，要先使控制负载的开关电器分闸，然后再让刀开关分闸。

② 严格按照产品说明书规定的分断能力来分断负载，无灭弧罩的刀开关一般不允许分断负载，否则，有可能导致稳定持续燃弧，使刀开关寿命缩短，严重的还会造成电源短路，开关被烧毁，甚至发生火灾。

③ 对于多极的刀开关，应保证各极动作的同步性，而且应接触良好。否则，当负载是三相异步电动机时，便有可能发生电动机因缺相运转而烧坏的事故。

④ 如果刀开关未安装在封闭的控制箱内，则应经常检查，防止因积尘过多而发生相间闪络现象。

⑤ 当对刀开关进行定期检修时，应清除底板上的灰尘，以保证良好的绝缘；检查触刀的接触情况，如果触刀（或静插座）磨损严重或被电弧过度烧坏，应及时更换；发现触刀转动铰链过松时，如果是用螺栓的，应把螺栓拧紧。

（5）刀开关常见故障及排除方法

刀开关常见故障及排除方法见表 4-1。

表 4-1 刀开关常见故障及排除方法

故障现象	产生原因	排除方法
触刀过热,甚至烧毁	①电路电流过大 ②触刀和静触座接触歪扭 ③触刀表面被电弧烧毛	①改用较大容量的开关 ②调整触刀和静触座的位置 ③磨掉毛刺和凸起点
开关手柄转动失灵	①定位机械损坏 ②触刀固定螺钉松脱	①修理或更换 ②拧紧固定螺钉

4.2.2 低压熔断器

（1）低压熔断器的用途

熔断器是一种结构简单、使用方便、价格低廉的保护电器,其外形如图 4-6 所示。熔断器广泛应用于低压配电系统和控制电路中,主要作为短路保护元件,也常作为单台电气设备的过载保护元件。

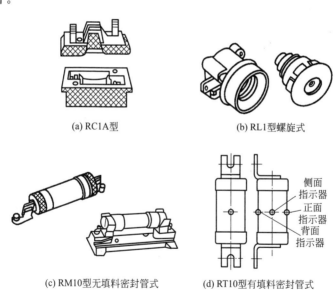

(a) RC1A型

(b) RL1型螺旋式

(c) RM10型无填料密封管式

(d) RT10型有填料密封管式

侧面指示器
正面指示器
背面指示器

图 4-6 熔断器外形图

（2）熔断器选用的一般原则

① 根据使用条件确定熔断器的类型。

② 选择熔断器的规格时,应首先选定熔体的规格,然后再根

据熔体去选择熔断器的规格。

③ 熔断器的保护特性应与被保护对象的过载特性有良好的配合。

④ 在配电系统中，各级熔断器应相互匹配，一般上一级熔体的额定电流要比下一级熔体的额定电流大2～3倍。

⑤ 对于保护电动机的熔断器，应注意电动机启动电流的影响。熔断器一般只作为电动机的短路保护，过载保护应采用热继电器。

⑥ 熔断器的额定电流应不小于熔体的额定电流；额定分断能力应大于电路中可能出现的最大短路电流。

(3) 一般用途熔断器的选用

① 熔断器类型的选择　熔断器主要根据负载的情况和电路短路电流的大小来选择类型。例如，对于容量较小的照明线路或电动机的保护，宜采用RC1A系列插入式熔断器或RM10系列无填料密闭管式熔断器；对于短路电流较大的电路或有易燃气体的场合，宜采用具有高分断能力的RL系列螺旋式熔断器或RT（包括NT）系列有填料封闭管式熔断器；对于保护硅整流器件及晶闸管的场合，应采用快速熔断器。

熔断器的形式也要考虑使用环境，例如，管式熔断器常用于大型设备及容量较大的变电场合；插入式熔断器常用于无振动的场合；螺旋式熔断器多用于机床配电；电子设备一般采用熔丝座。

② 熔体额定电流的选择

a. 对于照明电路和电热设备等电阻性负载，因为其负载电流比较稳定，可用作过载保护和短路保护，所以熔体的额定电流 I_m 应等于或稍大于负载的额定电流 I_{fn}，即

$$I_m = 1.1 I_{fn}$$

b. 电动机的启动电流很大，因此对电动机只宜作短路保护，对于保护长期工作的单台电动机，考虑到电动机启动时熔体不能熔断，故

$$I_m \geqslant (1.5 \sim 2.5) I_{fn}$$

式中，轻载启动或启动时间较短时，系数可取近1.5；带重载启动、启动时间较长或启动较频繁时，系数可取近2.5。

c. 对于保护多台电动机的熔断器，考虑到在出现尖峰电流时

不熔断熔体，熔体的额定电流应等于或大于最大一台电动机的额定电流的 $1.5\sim2.5$ 倍，加上同时使用的其余电动机的额定电流之和，即

$$I_{rn} \geqslant (1.5\sim2.5)I_{fnmax} + \sum I_{fn}$$

式中　I_{fnmax}——多台电动机中容量最大的一台电动机的额定电流；

　　　$\sum I_{fn}$——其余各台电动机额定电流之和。

必须说明，由于电动机负载情况不同，其启动情况也各不相同，因此，上述系数只作为确定熔体额定电流时的参考数据，精确数据需在实践中根据使用情况确定。

③ 熔断器额定电压的选择　熔断器的额定电压应等于或大于所在电路的额定电压。

（4）熔断器的安装

① 安装前，应检查熔断器的额定电压是否大于或等于线路的额定电压，熔断器的额定分断能力是否大于线路中预期的短路电流，熔体的额定电流是否小于或等于熔断器支持件的额定电流。

② 熔断器一般应垂直安装，应保证熔体与触刀以及触刀与刀座接触良好，并能防止电弧飞落到临近带电部分上。

③ 安装时应注意不要让熔体受到机械损伤，以免因熔体截面变小而发生误动作。

④ 安装时应注意使熔断器周围介质温度与被保护对象周围介质温度尽可能一致，以免保护特性产生误差。

⑤ 安装必须可靠，以免有一相接触不良，出现相当于一相断路的情况，致使电动机因断相运行而烧毁。

⑥ 安装带有熔断指示器的熔断器时，指示器的方向应装在便于观察的位置。

⑦ 熔断器两端的连接线应连接可靠，螺钉应拧紧。

⑧ 熔断器的安装位置应便于更换熔体。

⑨ 安装螺旋式熔断器时，熔断器的下接线板的接线端应在上方，并与电源线连接。连接金属螺纹壳体的接线端应装在下方，并与用电设备相连，有油漆标志端向外，两熔断器间的距离应留有手拧的空间，不宜过近。这样更换熔体时螺纹壳体上就不会带电，以保证人身安全。

（5）熔断器巡视检查的内容

① 检查熔断器的实际负载大小，看是否与熔体的额定值相匹配。

② 检查熔断器外观有无损伤、变形和开裂现象，瓷绝缘部分有无破损或闪络放电痕迹。

③ 检查熔断管接触是否紧密，有无过热现象。

④ 检查熔体有无氧化、腐蚀或损伤，必要时应及时更换。

⑤ 检查熔断器的熔体与触刀及触刀与刀座接触是否良好，导电部分有无熔焊、烧损。

⑥ 检查熔断器的环境温度是否与被保护设备的环境温度一致，以免相差过大使熔断器发生误动作。

⑦ 检查熔断器的底座有无松动现象。

⑧ 应及时清理熔断器上的灰尘和污垢，且应在停电后进行。

⑨ 对于带有熔断指示器的熔断器，还应检查指示器是否保持正常工作状态。

（6）熔断器运行维护中的注意事项

① 熔体烧断后，应先查明原因，排除故障。分清熔断器是在过载电流下熔断的，还是在分断极限电流下熔断的。一般在过载电流下熔断时响声不大，熔体仅在一两处熔断，且管壁没有大量熔体蒸发物附着和烧焦现象；而分断极限电流熔断时与上面情况相反。

② 更换熔体时，必须选用原规格的熔体，不得用其他规格熔体代替，也不能用多根熔体代替一根较大熔体，更不准用细铜丝或铁丝来替代，以免发生重大事故。

③ 更换熔体（或熔管）时，一定要先切断电源，将开关断开，不要带电操作，以免触电，尤其不得在负荷未断开时带电更换熔体，以免电弧烧伤。

④ 熔断器的插入和拔出应使用绝缘手套等防护工具，不准用手直接操作或使用不适当的工具，以免发生危险。

⑤ 更换无填料密闭管式熔断器熔片时，应先查明熔片规格，并清理管内壁污垢后再安装新熔片，且要拧紧两头端盖。

⑥ 更换瓷插式熔断器熔丝时，熔丝应沿螺钉顺时针方向弯曲一圈，压在垫圈下拧紧，力度应适当。

⑦ 更换熔体前，应先清除接触面上的污垢，再装上熔体。且不得使熔体发生机械损伤，以免因熔体截面变小而发生误动作。

⑧ 运行中如有两相断相，更换熔断器时应同时更换三相。因为没有熔断的那相熔断器实际上已经受到损害，若不及时更换，很快也会断相。

（7）熔断器常见故障与排除

熔断器常见故障及其排除方法见表 4-2。

表 4-2 熔断器常见故障及其排除方法

故障现象	可能原因	排除方法
电动机启动瞬间熔断器熔体熔断	①熔体规格选择过小 ②被保护的电路短路或接地 ③安装熔体时有机械损伤 ④有一相电源发生断路	①更换合适的熔体 ②检查线路，找出故障点并排除 ③更换安装新的熔体 ④检查熔断器及被保护电路，找出断路点并排除
熔体未熔断，但电路不通	①熔体或连接线接触不良 ②紧固螺钉松脱	①旋紧熔体或将接线接牢 ②找出松动处将螺钉或螺母旋紧
熔断器过热	①接线螺钉松动，导线接触不良 ②接线螺钉锈死，压不紧线 ③触刀或刀座生锈，接触不良 ④熔体规格太小，负荷过重 ⑤环境温度过高	①拧紧螺钉 ②更换螺钉、垫圈 ③清除锈蚀 ④更换合适的熔体或熔断器 ⑤改善环境条件
瓷绝缘件破损	①产品质量不合格 ②外力破坏 ③操作时用力过猛 ④过热引起	①停电更换 ②停电更换 ③停电更换，注意操作手法 ④查明原因，排除故障

4.2.3 低压断路器

（1）低压断路器的用途

低压断路器曾称自动开关，是指按规定条件，对配电电路、电动机或其他用电设备实行通断操作并起保护作用，即当电路内出现过载、短路或欠电压等情况时能自动分断电路的开关电器，其外形如图 4-7 所示。

通俗地讲，断路器是一种可以自动切断故障线路的保护开关，它既可用来接通和分断正常的负载电流、电动机的工作电流和过载

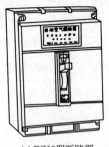

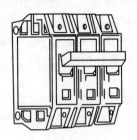

(a) DZ10型断路器　　　(b) DZ12型断路器

图 4-7　塑壳断路器外形图

电流，也可用来接通和分断短路电流，在正常情况下还可以用于不频繁地接通和断开电路以及控制电动机的启动和停止。

（2）低压断路器的选用

① 类型的选择。应根据电路的额定电流、保护要求和断路器的结构特点来选择断路器的类型。

② 电气参数的确定。断路器的结构选定后，接着需要选择断路器的以下参数：

a. 断路器的额定工作电压大于或等于线路的额定电压，即

$$U_{bN} \geqslant U_{IN}$$

式中　U_{bN}——断路器的额定工作电压，V；

U_{IN}——线路的额定电压，V。

b. 断路器的额定电流大于或等于线路计算负载电流，即

$$I_{bN} \geqslant I_{cl}$$

式中　I_{bN}——断路器的额定电流，A；

I_{cl}——线路的额定电流，A。

c. 断路器的额定短路通断能力大于或等于线路中可能出现的最大短路电流，一般按有效值计算。

d. 线路末端单相对地短路电流大于或等于 1.25 倍断路器瞬时或短延时脱扣器整定电流。

e. 断路器欠电压脱扣器额定电压等于线路额定电压，即

$$U_{uV} \geqslant U_{IN}$$

式中　U_{uV}——断路器欠脱扣器的额定电压，V。

f. 具有短延时的断路器，若带欠电压脱扣器，则欠电压脱扣器必须是延时的，其延时时间应大于或等于短路延时时间。

g. 断路器的分励脱扣器额定电压等于控制电源电压，即

$$U_{sr} \geqslant U_C$$

式中　U_{sr}——断路器分励脱扣器的额定电压，V；

　　　U_C——控制电源电压，V。

h. 电动机传动机构的额定电压等于控制电源电压。

（3）低压断路器的安装

① 安装前应先检查断路器的规格是否符合使用要求。

② 安装前先用 500V 绝缘电阻表（兆欧表）检查断路器的绝缘电阻，在周围空气温度为（20±5）℃和相对湿度为 50%～70%时，应不小于 10MΩ，否则应烘干。

③ 安装时，电源进线应接于上母线，用户的负载侧出线应接于下母线。

④ 安装时，断路器底座应垂直于水平位置，并用螺钉紧固，且断路器应安装平整，不应有附加机械应力。

⑤ 外部母线与断路器连接时，应在接近断路器母线处加以固定，以免各种机械应力传递到断路器上。

⑥ 安装时，应考虑断路器的飞弧距离，即在灭弧罩上部应留有飞弧空间，并保证外装灭弧室至相邻电器的导电部分和接地部分的安全距离。

⑦ 在进行电气连接时，电路中应无电压。

⑧ 断路器应可靠接地。

⑨ 不应漏装断路器附带的隔弧板，装上后方可运行，以防止切断电路因产生电弧而引起相间短路。

⑩ 安装完毕后，应使用手柄或其他传动装置检查断路器工作的准确性和可靠性。如检查脱扣器能否在规定的动作值范围内动作，电磁操作机构是否可靠闭合，可动部件有无卡阻现象等。

（4）低压断路器的运行检查项目

① 检查负载电流是否在额定范围内。

② 检查断路器的信号指示是否正确。

③ 检查断路器与母线或出线的连接处有无过热现象。

④ 检查断路器的过载脱扣器的整定值是否与规定值相符。过电流脱扣器的整定值一经调好后不许随意变动，而且长期使用后应检查其弹簧是否生锈卡死，以免影响其动作。

⑤ 应定期检查各种脱扣器的动作值，有延时者还应检查延时情况。

⑥ 注意监听断路器在运行中的声响，细心辨别有无异常现象。

⑦ 应检查断路器的安装是否牢固，有无松动现象。

⑧ 对于有金属外壳接地的断路器，应检查接地是否完好。

⑨ 对于万能式断路器还应检查有无破裂现象，电磁机构是否正常等。

⑩ 对于塑料外壳式断路器，要注意检查外壳和部件有无裂损现象。

⑪ 断路器因故长期未用而再次投入使用时，要仔细检查。

(5) 低压断路器的使用和维修

① 断路器在使用前应将电磁铁工作面上的防锈油脂抹净，以免影响电磁系统的正常动作。

② 操作机构在使用一段时间后（一般为1/4机械寿命），在传动部分应加注润滑油（小容量塑料外壳式断路器不需要）。

③ 每隔一段时间（六个月左右或在定期检修时），应清除落在断路器上的灰尘，以保证断路器具有良好绝缘。

④ 应定期检查触点系统，特别是在分断短路电流后，更必须检查。在检查时应注意：

a. 断路器必须处于断开位置，进线电源必须切断。

b. 用酒精抹净断路器上的烟痕，清理触点毛刺。

c. 当触点厚度小于1mm时，应更换触点。

⑤ 当断路器分断短路电流或长期使用后，均应清理灭弧罩两壁烟痕及金属颗粒。若采用的是陶瓷灭弧室，灭弧栅片烧损严重或灭弧罩碎裂，不允许再使用，必须立即更换，以免发生事故。

⑥ 定期检查各种脱扣器的电流整定值和延时。特别是半导体脱扣器，更应定期用试验按钮检查其动作情况。

⑦ 有双金属片式脱扣器的断路器，当使用场所的环境温度高于其整定温度时，一般宜降容使用；若脱扣器的工作电流与整定电

流不符,应当在专门的检验设备上重新调整后才能使用。

⑧ 有双金属片式脱扣器的断路器,因过载而分断后,不能立即"再扣",需冷却1~3min,待双金属片复位后,才能重新"再扣"。

⑨ 定期检修应在不带电的情况下进行。

(6)低压断路器的常见故障与排除

低压断路器常见故障及其排除方法见表4-3。

表4-3　低压断路器的常见故障及其排除方法

常见故障	可能原因	排除方法
手动操作的断路器不能闭合	①欠电压脱扣器无电压或线圈损坏 ②储能弹簧变形,闭合力减小 ③释放弹簧的反作用力太大 ④机构不能复位再扣	①检查线路后加上电压或更换线圈 ②更换储能弹簧 ③调整弹力或更换弹簧 ④调整脱扣面至规定值
电动操作的断路器不能闭合	①操作电源电压不符 ②操作电源容量不够 ③电磁铁或电动机损坏 ④电磁铁拉杆行程不够 ⑤电动机操作定位开关失灵 ⑥控制器中整流管或电容器损坏	①更换电源或升高电压 ②增大电源容量 ③检修电磁铁或电动机 ④重新调整或更换拉杆 ⑤重新调整或更换开关 ⑥更换整流管或电容器
有一相触点不能闭合	①该相连杆损坏 ②限流开关斥开机可折连杆之间的角度变大	①更换连杆 ②调整至规定要求
分励脱扣器不能使断路器断开	①线圈损坏 ②电源电压太低 ③脱扣面太大 ④螺钉松动	①更换线圈 ②更换电源或升高电压 ③调整脱扣面 ④拧紧螺钉
欠电压脱扣器不能使断路器断开	①反力弹簧的反作用力太小 ②储能弹簧力太小 ③机构卡死	①调整或更换反力弹簧 ②调整或更换储能弹簧 ③检修机构
断路器在启动电动机时自动断开	①电磁式过流脱扣器瞬动整定电流太小 ②空气式脱扣器的阀门失灵或橡皮膜破裂	①调整瞬动整定电流 ②更换

常见故障	可能原因	排除方法
断路器在工作一段时间后自动断开	①过电流脱扣器长延时整定值不符合要求 ②热元件或半导体元件损坏 ③外部电磁场干扰	①重新调整 ②更换元件 ③进行隔离
欠电压脱扣器有噪声或振动	①铁芯工作面有污垢 ②短路环断裂 ③反力弹簧的反作用力太大	①清除污垢 ②更换衔铁或铁芯 ③调整或更换弹簧
接触器温升过高	①触点接触压力太小 ②触点表面过分磨损或接触不良 ③导电零件的连接螺钉松动	①调整或更换触点弹簧 ②修整触点表面或更换触点 ③拧紧螺钉
辅助触点不能闭合	①动触桥卡死或脱落 ②传动杆断裂或滚轮脱落	①调整或重装动触桥 ②更换损坏的零件

4.2.4　接触器

（1）接触器的用途

接触器是一种用于远距离频繁地接通和分断交、直流主电路和大容量控制电路的电器。接触器具有低电压释放保护功能、使用安全方便等优点，主要用于控制交、直流电动机，也可用于控制小型发电机、电热装置、电焊机和电容器组等设备，其外形如图 4-8 所示。

接触器能接通和断开负载电流，但不能切断短路电流，因此，常与熔断器和热继电器等配合使用。

（2）接触器的选择

由于接触器的安装场所与控制的负载不同，其操作条件与工作的繁重程度也不同。因此，必须对控制负载的工作情况以及接触器本身的性能有一个较全面的了解，力求经济合理、正确地选用接触器。也就是说，在选用接触器时，不能仅考虑接触器的铭牌数据，因铭牌上只规定了某一条件下的电流、电压、控制功率等参数，而具体的条件又是多种多样的，因此，在选择接触器时应注意以下几点：

① 选择接触器的类型。接触器的类型应根据电路中负载电流

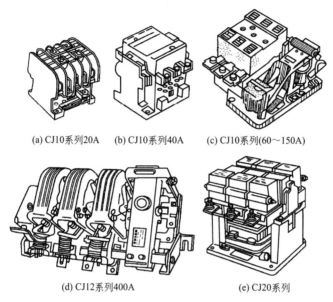

(a) CJ10系列20A　　(b) CJ10系列40A　　(c) CJ10系列(60～150A)

(d) CJ12系列400A　　　　　　(e) CJ20系列

图 4-8　接触器外形图

的种类来选择。也就是说，交流负载应使用交流接触器，直流负载应使用直流接触器。若整个控制系统中主要是交流负载，而直流负载的容量较小，也可全部使用交流接触器，但触点的额定电流应适当大些。

② 选择接触器主触点的额定电流。接触器的额定工作电流应不小于被控电路的最大工作电流。

③ 选择接触器主触点的额定电压。接触器的额定工作电压应不小于被控电路的最大工作电压。

④ 接触器的额定通断能力应大于通断时电路中的实际电流值；耐受过载电流能力应大于电路中最大工作过载电流值。

⑤ 应根据系统控制要求确定主触点和辅助触点的数量和类型，同时要注意其通断能力和其他额定参数。

⑥ 如果接触器用来控制电动机的频繁启动、正反转或反接制动时，应将接触器的主触点额定电流降低使用，通常可降低一个电流等级。

（3）接触器安装的注意事项

① 安装时，接触器的底面应与地面垂直，倾斜度应小于5°。

② 安装时，应注意留有适当的飞弧空间，以免烧损相邻电器。

③ 在确定安装位置时，还应考虑到日常检查和维修方便性。

④ 安装应牢固，接线应可靠，螺钉应加装弹簧垫和平垫圈，以防松脱和振动。

⑤ 灭弧罩应安装良好，不得在灭弧罩破损或无灭弧罩的情况下将接触器投入使用。

⑥ 安装完毕后，应检查有无零件或杂物掉落在接触器上或内部，检查接触器的接线是否正确，还应在不带负载的情况下检测接触器的性能是否合格。

⑦ 接触器的触点表面应经常保持清洁，不允许涂油。

（4）接触器的使用和维护

接触器经过一段时间使用后，应进行维修。维修时，首先应先断开主电路和控制电路的电源，再进行维护。

① 应定期检查接触器外观是否完好，绝缘部件有无破损、脏污现象。

② 定期检查接触器螺钉是否松动，可动部分是否灵活可靠。

③ 检查灭弧罩有无松动、破损现象，灭弧罩往往较脆，拆装时注意不要碰坏。

④ 检查主触点、辅助触点及各连接点有无过热、烧蚀现象，发现问题及时修复。当触点磨损到1/3时，应更换。

⑤ 检查铁芯极面有无变形、松开现象，交流接触器的短路环是否破裂，直流接触器的铁芯非磁性垫片是否完好。

（5）接触器的常见故障与排除

接触器常见故障及其排除方法见表4-4。

表4-4 接触器常见故障及其排除方法

常见故障	可能原因	排除方法
通电后不能闭合	①线圈断线或烧毁 ②动铁芯或机械部分卡住 ③转轴生锈或歪斜 ④操作回路电源容量不足 ⑤弹簧压力过大	①修理或更换线圈 ②调整零件位置，消除卡住现象 ③除锈后上润滑油，或更换零件 ④增加电源容量 ⑤调整弹簧压力

常见故障	可能原因	排除方法
通电后动铁芯不能完全吸合	①电源电压过低 ②触点弹簧和释放弹簧压力过大 ③触点超程过大	①调整电源电压 ②调整弹簧压力或更换弹簧 ③调整触点超程
电磁铁噪声过大或发生振动	①电源电压过低 ②弹簧压力过大 ③铁芯极面有污垢或磨损过度而不平 ④短路环断裂 ⑤铁芯夹紧螺栓松动,铁芯歪斜或机械卡住	①调整电源电压 ②调整弹簧压力 ③清除污垢、修整极面或更换铁芯 ④更换短路环 ⑤拧紧螺栓,排除机械故障
接触器动作缓慢	①动、静铁芯间的间隙过大 ②弹簧的压力过大 ③线圈电压不足 ④安装位置不正确	①调整机械部分,减小间隙 ②调整弹簧压力 ③调整线圈电压 ④重新安装
断电后接触器不释放	①触点弹簧压力过小 ②动铁芯或机械部分被卡住 ③铁芯剩磁过大 ④触点熔焊在一起 ⑤铁芯极面有油污或尘埃	①调整弹簧压力或更换弹簧 ②调整零件位置;消除卡住现象 ③退磁或更换铁芯 ④修理或更换触点 ⑤清理铁芯极面
线圈过热或烧毁	①弹簧的压力过大 ②线圈额定电压、频率或通电持续率等与使用条件不符 ③操作频率过高 ④线圈匝间短路 ⑤运动部分卡住 ⑥环境温度过高 ⑦空气潮湿或含腐蚀性气体 ⑧交流铁芯极面不平	①调整弹簧压力 ②更换线圈 ③更换接触器 ④更换线圈 ⑤排除卡住现象 ⑥改变安装位置或采取降温措施 ⑦采取防潮、防腐蚀措施 ⑧清除极面或调换铁芯
触点过热或灼伤	①触点弹簧压力过小 ②触点表面有油污或表面高低不平 ③触点的超行程过小 ④触点的断开能力不够 ⑤环境温度过高或散热不好	①调整弹簧压力 ②清理触点表面 ③调整超行程或更换触点 ④更换接触器 ⑤接触器降低容量使用

常见故障	可能原因	排除方法
触点熔焊出一起	①触点弹簧压力过小 ②触点断开能力不够 ③触点断开次数过多 ④触点表面有金属颗粒突起或异物 ⑤负载侧短路	①调整弹簧压力 ②更换接触器 ③更换触点 ④清理触点表面 ⑤排除短路故障,更换触点
相间短路	①可逆转的接触器联锁不可靠,致使两个接触器同时投入运行而造成相间短路 ②接触器动作过快,发生电弧短路 ③尘埃或油污使绝缘变坏 ④零件损坏	①检查电气联锁与机械联锁 ②更换动作时间较长的接触器 ③经常清理保持清洁 ④更换损坏零件

4.2.5　热继电器

（1）热继电器的用途

热继电器是热过载继电器的简称，它是依靠电流通过发热元件时所产生的热量而动作的一种电器。

热继电器常与接触器配合使用，主要用于电动机的过载保护、断相及电流不平衡运行的保护及其他电气设备发热状态的控制。

（2）热继电器的选择

热继电器选用是否得当，直接影响着对电动机进行过载保护的可靠性。通常选用时应按电动机形式、工作环境、启动情况及负载情况等几方面综合加以考虑。

① 原则上热继电器（热元件）的额定电流等级一般略大于电动机的额定电流。热继电器选定后，再根据电动机的额定电流调整热继电器的整定电流，使整定电流与电动机的额定电流相等。对于过载能力较差的电动机，所选的热继电器的额定电流应适当小一些，并且将整定电流调到电动机额定电流的 $60\%\sim80\%$。当电动机因带负载启动而启动时间较长或电动机的负载是冲击性的负载（如冲床等）时，热继电器的整定电流应稍大于电动机的额定电流。

② 一般情况下可选用两相结构的热继电器。对于电网电压均

衡性较差、无人看管的电动机或与大容量电动机共用一组熔断器的电动机，宜选用三相结构的热继电器。定子三相绕组为三角形连接的电动机，应采用有断相保护的三元件热继电器作过载和断相保护。

③ 热继电器的工作环境温度与被保护设备的环境温度的差别不应超出 15～25℃。

④ 对于工作时间较短、间歇时间较长的电动机（例如，摇臂钻床的摇臂升降电动机等），以及虽然长期工作，但过载可能性很小的电动机（例如，排风机电动机等），可以不设过载保护。

⑤ 双金属片式热继电器一般用于轻载、不频繁启动电动机的过载保护。对于重载、频繁启动的电动机，则可用过电流继电器（延时动作型的）作它过载和短路保护。因为热元件受热变形需要时间，故热继电器不能作短路保护。

（3）热继电器的安装

① 热继电器必须按产品使用说明书的规定进行安装。当它与其他电器装在一起时，应将其装在其他电器的下方，以免其动作特性受到其他电器发热的影响。

② 热继电器的连接导线应符合规定要求。

③ 安装时，应消除触点表面等部位的尘垢，以免影响继电器的动作性能。

（4）热继电器的使用和维护

① 运行前，应检查接线和螺钉是否牢固可靠，动作机构是否灵活、正常。

② 运行前，还要检查其整定电流是否符合要求。

③ 使用中，应定期清除污垢。双金属片上的锈斑可用布蘸汽油轻轻擦拭。

④ 应定期检查热继电器的零部件是否完好、有无松动和损坏现象，可动部分有无卡碰现象等。发现问题及时修复。

⑤ 应定期清除触点表面的锈斑和毛刺，若触点磨损至其厚度的 1/3 时，应及时更换。

⑥ 热继电器的整定电流应与电动机的情况相适应，若发现其经常提前动作，可适当提高整定值；若发现电动机温升较高，而热

继电器动作滞后，则应适当降低整定值。

⑦ 若热继电器动作后，必须对电动机和设备状况进行检查，为防止热继电器再次脱扣，一般采用手动复位。若其动作原因是电动机过载，应采用自动复位。

⑧ 对于易发生过载的场合，一般采用自动复位。

⑨ 应定期校验热继电器的动作特性。

（5）热继电器的常见故障与排除

热继电器的常见故障及其排除方法见表4-5。

表4-5 热继电器的常见故障及其排除方法

常见故障	可能原因	排除方法
热继电器误动作	①电流整定值偏小 ②电动机启动时间过长 ③操作频率过高 ④连接导线太细	①调整整定值 ②电动机启动时间的要求选择合适的继电器 ③降低操作频率，或更换热继电器 ④选用合适的标准导线
热继电器不动作	①电流整定值偏大 ②热元件烧断或脱焊 ③动作机构卡住 ④进出线脱头	①调整电流值 ②更换热元件 ③检查动作机构 ④重新焊好
热元件烧断	①负载侧短路 ②操作频率过高	①排除故障，更换热元件 ②降低操作频率，更换热元件或热继电器
热继电器的主电路不通	①热元件烧断 ②热继电器的接线螺钉未拧紧	①更换热元件或热继电器 ②拧紧螺钉
热继电器的控制电路不通	①调整旋钮或调整螺钉转到了不合适位置，以致触点被顶开 ②触点烧坏或动触杆的弹性消失	①重新调整到合适位置 ②修理或更换新的触点或动触杆

4.2.6 控制按钮

（1）控制按钮的用途

按钮又称按钮开关或控制按钮，是一种短时间接通或断开小电流电路的手动控制器，其外形如图4-9所示，一般用于电路中发出启动或停止指令，以控制电磁启动器、接触器、继电器等电器线圈电流的接通或断开，再由它们去控制主电路。按钮也可用于信号装置的控制。

图 4-9 控制按钮外形图

（2）控制按钮的选择

① 应根据使用场合和具体用途选择按钮的类型。例如，控制台柜面板上的按钮一般可用开启式的；若需显示工作状态，则用带指示灯式的；在重要场所，为防止无关人员误操作，一般用钥匙式的；在有腐蚀的场所一般用防腐式的。防爆场所选防爆按钮、防爆操作柱。

② 应根据工作状态指示和工作情况的要求选择按钮和指示灯的颜色。如停止或分断用红色；启动或接通用绿色；应急或干预用黄色。

③ 应根据控制回路的需要选择按钮的数量。例如，需要作"正（向前）""反（向后）"及"停"三种控制处，可用三只按钮，并装在同一按钮盒内；只需作"启动"及"停止"控制时，则用两只按钮，并装在同一按钮盒内。

（3）按钮的使用和维修

① 按钮应安装牢固，接线应正确。通常红色按钮作停止用，绿色或黑色表示启动或通电。

② 应经常检查按钮，及时清除它上面的尘垢，必要时采时密封措施。

③ 若发现按钮接触不良，应查明原因；若发生触点表面有损伤或尘垢，应及时修复或清除。

④ 用于高温场合的按钮，因塑料受热易老化变形，而导致按钮松动，为防止因接线螺钉相碰而发生短路故障，应根据情况在安装时，增设紧固圈或给接线螺钉套上绝缘管。

⑤ 带指示灯的按钮，一般不宜用于通电时间较长的场合，以免塑料件受热变形，造成更换灯泡困难。若欲使用，可降低灯泡电压，以延长使用寿命。

⑥ 安装按钮的按钮板或盒，应采用金属材料制成的，并与机械总接地线母线相连，悬挂式按钮应有专用接地线。

（4）按钮的常见故障与排除

按钮的常见故障及其排除方法见表4-6。

表4-6　按钮的常见故障及其排除方法

常见故障	可能原因	排除方法
按下启动按钮时有触电感觉	①按钮的防护金属外壳与连接导线接触 ②按钮帽的缝隙间充满铁屑，使其与导电部分形成通路	①检查按钮内连接导线 ②清理按钮
停止按钮失灵，不能断开电路	①接线错误 ②线头松动或搭接在一起 ③灰尘过多或油污使停止按钮两动断触点形成短路 ④胶木烧焦短路	①改正接线 ②检查停止按钮接线 ③清理按钮 ④更换按钮
被控电器不动作	①被控电器损坏 ②按钮复位弹簧损坏 ③按钮接触不良	①检修被控电器 ②修理或更换弹簧 ③清理按钮触点

第**5**章

⚡ 10kV 以下架空线路

5.1 架空线路的结构

5.1.1 架空线路的组成

架空电力线路主要由基础、电杆、横担、金具、绝缘子、导线和拉线组成，如图 5-1 所示。

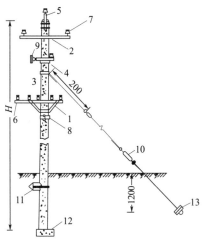

图 5-1 钢筋混凝土电杆装置示意图

1—低压五线横担；2—高压二线横担；3—拉线抱箍；4—双横担；5—高压杆顶；
6—低压针式绝缘子；7—高压针式绝缘子；8—棒式绝缘子；9—悬式绝缘子
及蝶式绝缘子；10—花篮绝缘子；11—卡箍；12—底盘；13—拉线盘

5.1.2 架空导线的种类与选择

（1）常用架空导线的型号及用途

常用架空导线的型号及用途如表 5-1 所示。

表 5-1 常用架空导线的型号及用途

名　　称		型　　号	截面积范围/mm²	主要用途
铝绞线		LJ	10～600	用于档距较小的一般配电线路
铝合金绞线	热处理型 非热处理型	HLJ HL₂J	10～600	用于一般输配电线路
钢芯铝绞线	普通型 轻　型 加强型	LGJ LGJQ LGJJ	10～400 150～700 150～400	用于输配电线路
防腐钢芯铝绞线	轻防腐 中防腐 重防腐	LGJF LGJF₂ LGJF₃	25～400	用于有腐蚀环境的输配电线路，轻、中、重表示耐腐蚀能力的大小
铜绞线		TJ	10～400	用于特殊要求的输配电线路
镀锌钢绞线		GJ	2～260	用于农用架空线或避雷线

（2）架空裸导线的最小允许截面积

架空裸导线的最小允许截面积如表 5-2 所示。

表 5-2 架空裸导线的最小允许截面积　　　　　mm²

导线种类	低压（1kV 及以下）	高压（1kV 以上）	
		居民区	非居民区
铝及铝合金	16	35	25
钢芯铝线	16	25	16
铜线	6 （单股直径 3.2mm）	16	16

（3）架空导线的选择

① 架空导线应有足够的机械强度。

架空导线本身有一定的重量，在运行中还要受到风雨、冰雪等外力的作用，因此必须具有一定的机械强度。为了避免断线事故，铝导线的截面积一般不宜小于 $16mm^2$，中性线的截面积不应小于相线截面积的 $1/2$。

② 架空导线的允许载流量应满足负荷的要求。

架空导线的实际负荷电流应小于导线的允许载流量。

③ 架空线路的电压损失不宜过大。

由于导线具有一定的电阻，电流通过架空导线时会产生电压损失，导线越细、越长，或负荷电流越大，电压损失就越大，线路末端的电压就越低，甚至不能满足用电设备的电压要求。因此在选择架空线路导线截面积时，一般保证线路的电压损失不超过 5%。

5.1.3 电杆的种类

电杆是用来支持架空导线的。把它埋设在地上，装上横担及绝缘子，导线固定在绝缘子上。电杆应有足够的机械强度、造价低及寿命长等条件。

（1）电杆按材料分类

电杆按材料分类如表 5-3 所示。

表 5-3 电杆按材料分类

名　称	优　点	缺　点	用　途
木杆	重量轻，价廉，制造安装方便，耐雷击	机械强度低且易腐烂	目前已较少使用
钢筋混凝土杆	挺直，耐用，价廉，不易腐蚀	笨重，运输和组装较困难	广泛用于 110kV 以下架空线路
钢杆	机械强度大，使用年限长	消耗钢材量大，价高且易生锈	用于居民区 35kV 或 110kV 的架空线路
铁塔	机械强度大，使用年限长	消耗钢材量大，价高且易生锈	用于 110kV 和 220kV 的架空线路

（2）电杆按受力分类

电杆按受力情况的不同，一般可分为直线杆（即中间杆）、耐张杆（即分段杆）、转角杆、终端杆、分支杆、跨越杆六种电杆，如表 5-4 所示。

表 5-4 电杆按受力分类及用途

杆型	用　　途	有无拉线	图　示
直线杆（即中间杆）	能承受导线、绝缘子、金具及凝结在导线上的冰雪重量,同时能承受侧面的风力。应用广泛,占全部电杆数的80%以上	无拉线	
耐张杆（即分段杆）	能承受一侧导线的拉力,当线路出现倒杆、断线事故时,能将事故限制在两根耐张杆之间,防止事故扩大。在施工时还能分段紧线	采用四面拉线或顺线路方向人字拉线	
转角杆	用于线路的转角处,能承受两侧导线的合力。转角为15°～30°时,宜采用直线转角杆;转角为30°～60°时,应采用转角耐张杆;当转角为60°～90°时,应采用十字转角耐张杆	采用导线反向拉线或反合力方向拉线	
终端杆	用于线路的始端和终端,承受一侧导线的拉力	采用导线反向拉线	
分支杆	用于线路分接支线时的支持点。向一侧分支的为"T"形分支杆;向两侧分支的为"十"字形分支杆	采用在支线路的对分应方向拉线	
跨越杆	用于跨越河道、公路、铁路、工厂或居民点等地的支持点,故一般需加高	采用人字拉线	

5.1.4　横担的种类

　　横担是为安装绝缘子、开关设备、避雷器等用的。3～10kV高压配电线路最好采用陶瓷横担,低压配电线路一般采用木横担或铁横担。横担的长度是根据导线的根数、相邻电杆间档距的大小和线间距离决定的。

横担的类型如表 5-5 所示。

表 5-5　横担的类型

类　型		优缺点	图　示
木横担		易加工,价格低廉,有良好的防雷水平,但易腐蚀,近年来已不用	
铁横担		用角铁制成,具有坚固耐用和安装方便的优点,但易生锈,需镀锌或刷樟丹油和灰色油漆各一遍	
瓷横担	马蹄形瓷横担	有良好的电气绝缘性能,导线可不用绝缘子而直接绑扎在槽内,但冲击碰撞易破碎	
	圆形瓷横担		

5.1.5　绝缘子（瓷瓶）的种类

绝缘子是用来固定导线的,并使导线之间、导线与横担、电杆和大地之间绝缘,所以对绝缘子的要求主要是能承受与线路相适应的电压,并且应当具有一定的机械强度。

绝缘子的类型和用途如表 5-6 所示。

表 5-6　绝缘子的类型和用途

类　型		用　途	型　号	图　示
针式绝缘子（立瓶）	高压	用于 3kV、6kV、10kV 及 35kV 高压配电线路的直线杆和直线转角杆上	P-□□　W表示弯脚　T表示用于铁横担　M表示用于木横担　额定电压(kV)	
	低压	用于 1kV 以下低压配电线路上		

类 型		用 途	型 号	图 示
蝶式（茶台）	高压	用于 3kV、6kV、10kV 配电线路上	ED - □ 数字表示规格 数字小规格大 E为高压 ED为低压	
	低压	用于 1kV 以下低压配电线路上		
悬式绝缘子		能承受较大的拉力，用于 35kV 以上线路或 10kV 线路的耐张杆、转角杆和终端杆上。使用时由多只串联起来，电压越高串得越多	XP- □ - □ 没字母表示球形连接 C表示槽形连接 机电破坏负荷 及其数值(×10⁴N)	

① 针式绝缘子的外形尺寸如图 5-2 所示。

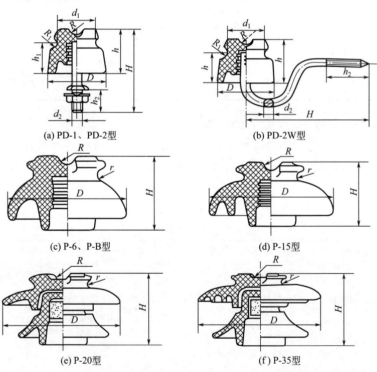

(a) PD-1、PD-2型   (b) PD-2W型

(c) P-6、P-B型   (d) P-15型

(e) P-20型   (f) P-35型

图 5-2 针式绝缘子的外形尺寸

② 蝶式绝缘子的外形尺寸如图 5-3 所示。

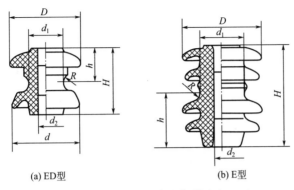

(a) ED型　　　　　　　　　　(b) E型

图 5-3　蝶式绝缘子外形尺寸

③ 悬式绝缘子的外形尺寸如图 5-4 所示。

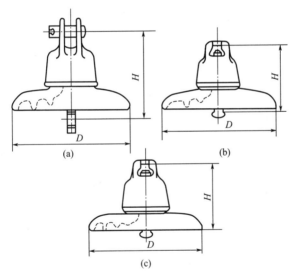

图 5-4　悬式绝缘子外形尺寸

5.1.6　金具的种类

（1）悬垂线夹

悬垂线夹的型号为 XGU-□。型号中字母及数字的含义为：

X—悬垂线夹；G—固定；U—U 形螺栓式；□—数字，适用导线组合号。悬垂线夹适用于架空线路直线杆塔悬挂导线。悬垂线夹的外形尺寸如图 5-5 所示。

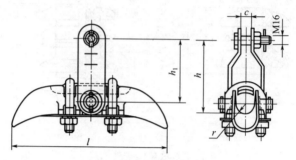

图 5-5　悬垂线夹的外形尺寸

（2）带挂板的悬垂线夹

带挂板悬垂线夹的型号为 XGU-□（A）或 XGU-□（B）。型号中括号前面的字母及数字含义同前，括号中 A 表示带碗头挂板，B 表示带 U 形挂板。带挂板的悬垂线夹适用于架空电力线路的直线杆塔悬挂导线用。带挂板悬垂线夹的外形尺寸如图 5-6 所示。

（3）螺栓型耐张线夹

螺栓型耐张线夹的型号为 NLD-□。型号中字母及数字含义为：N—耐张；L—螺栓；D—倒装式；□—数字，适用导线组合号。它适用于架空电力线路和变电站在耐张杆塔上固定中小截面铝绞线及钢芯铝绞线。螺栓型耐张线夹的外形尺寸如图 5-7 所示。

（4）压缩型耐张线夹

压缩型耐张线夹的型号为 NY-□□。型号中字母及数字含义为：N—耐张；Y—压缩；第 1 个□：数字，适用导线或钢绞线标称截面积；第 2 个□：数字后面的字母，表示导线类型，如 Q 为减轻型，J 为加强型。它适用于架空电力线路上以压缩方法接续钢绞线和钢芯铝绞线。压缩型耐张线夹的外形尺寸如图 5-8 所示。

（5）楔型耐张线夹

楔型耐张线夹的型号为 NX-□、NUT-□及 NU-□。型号中字母及数字含义为：N—耐张；X—楔；UT—U 形可调；U—U 形；

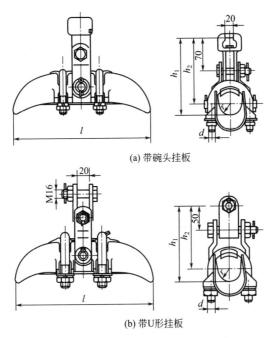

(a) 带碗头挂板

(b) 带U形挂板

图 5-6　带挂板悬垂线夹的外形尺寸

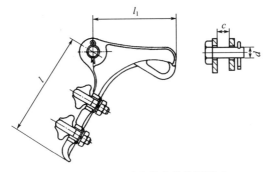

图 5-7　螺栓型耐张线夹的外形尺寸

□：数字，适用钢绞线组合号。它适用于架空电力线路上固定和调整钢绞线（作为避雷线或拉线）。NX 型楔型耐张线夹的外形尺寸如图 5-9 所示。

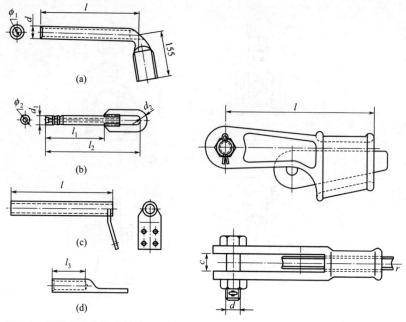

图 5-8　压缩型耐张线夹的外形尺寸　　图 5-9　NX 型楔型耐张线夹的外形尺寸

NUT 型及 NU 型楔型耐张线夹的外形尺寸如图 5-10 所示。

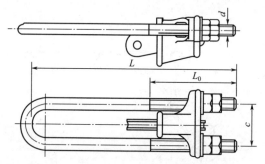

图 5-10　NUT 型及 NU 型楔型耐张线夹的外形尺寸

（6）碗头挂板

碗头挂板分为 W 型和 WS 型两种。型号中字母及数字含义为：W—碗头；WS—双联；数字—标称破坏负荷（$\times 10^4$ N）；附加字母 A—短；附加字母 B—长。它适用于架空电力线路和变电站连接悬式绝缘子串。碗头挂板的外形尺寸如图 5-11 所示。

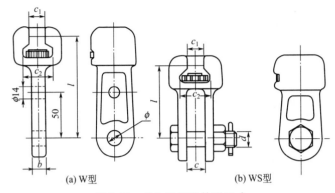

(a) W型　　　　　　　　　　(b) WS型

图 5-11　碗头挂板的外形尺寸

（7）球头挂环

球头挂环分为 Q 型和 QP 型两种。型号中字母及数字含义为：Q—球头挂环；QP—球头挂环（螺栓平面接触）；数字，标称破坏负荷（$\times 10^4$ N）。它适用于架空电力线路和变电站连接悬式绝缘子串。球头挂环的外形尺寸如图 5-12 所示。

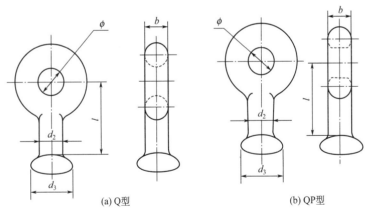

(a) Q型　　　　　　　　　　(b) QP型

图 5-12　球头挂环的外形尺寸

（8）U 形挂环

U 形挂环分为 U 型和 UL 型两种。型号中字母及数字含义为：U—U 形挂环；UL—延长 U 形挂环；数字，标称破坏负荷（×

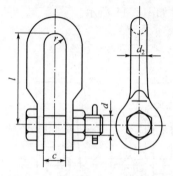

图 5-13　U形挂环的外形尺寸

$10^4\,N$）。它适用于架空电力线路和变电站连接绝缘子串或钢绞线与杆塔固定。U形挂环的外形尺寸如图 5-13 所示。

（9）联板

联板的形式有：L 型单串绝缘子与二分裂导线联板或双串绝缘子与单根导线联板及三联板；LF 型双串绝缘子与二分裂导线联板；LV 型双拉线并联联板；LS 型组合母线用双联板；LJ 型装均压环用联板。联板型号中字母及数字的含义为：L—联板；F—方形；V—V 形；S—双联；J—装均压环；数字，前两位表示破坏负荷（×$10^4\,N$）；后两位表示孔距（cm）。它适用于架空电力线路和变电站组装多串悬式绝缘子串，分裂导线与绝缘子串的固定及多根拉线并联。联板的外形尺寸如图 5-14 所示。

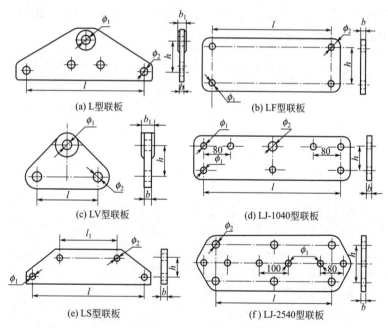

(a) L型联板　　　(b) LF型联板

(c) LV型联板　　　(d) LJ-1040型联板

(e) LS型联板　　　(f) LJ-2540型联板

图 5-14　联板的外形尺寸

（10）U 形螺栓

U 形螺栓的型号为 U-□，例 U-1880。型号中的数字含义为：前两位表示螺栓直径，单位为 mm；后两位表示螺栓间距，单位为 mm。它适用于架空电力线路连接绝缘子串与杆塔的固定。U 形螺栓的外形尺寸如图 5-15 所示。

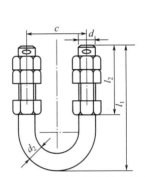

图 5-15　U 形螺栓的外形尺寸

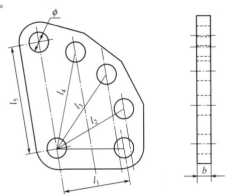

图 5-16　蝶形板的外形尺寸

（11）蝶形板

蝶形板的型号为 DB-□ 型。型号中字母的含义为：D—蝶形；B—板；数字—标称破坏负荷（$\times 10^4$ N）。它适用于架空电力线路和变电站调整绝缘子串及导线的长度。蝶形板的外形尺寸如图 5-16 所示。

（12）PH、ZH 型挂环

PH、ZH 型挂环型号中字母及数字含义为：P—平行；Z—直角；H—环；数字—标称破坏负荷（$\times 10^4$ N）。它适用于架空电力线路和变电站连接绝缘子串。挂环的外形尺寸如图 5-17 所示。

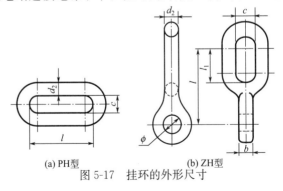

(a) PH型　　　　　　(b) ZH型
图 5-17　挂环的外形尺寸

5.1.7 拉线的种类

拉线的结构、类型和用途如表 5-7 和表 5-8 所示。

表 5-7 拉线的结构和类型

结　构	类　型	图　示
拉线上把	绑扎上把	
	U 形轧上把	
	T 形轧上把	
拉线中把	隔离瓷瓶中把	隔离瓷瓶
拉线下把	绑扎下把	
	花篮轧下把	
	T 形轧下把	
地锚	木地锚	
	条石地锚	

结　构	类　型	图　示
地锚	石块地锚	
	水泥地锚	

表 5-8　拉线的类型和用途

类　型	用　途	图　示
普通拉线（尽头拉线）	用于直线杆、终端杆、转角杆、耐张杆和分支杆补强所承受的外力作用	
转角拉线	用于转角杆	
人字拉线	用于基础不坚固、跨越加高杆或较长的耐张段中间的直线杆上	

类　型	用　途	图　示
Y形拉线	用于H形电杆的两根电杆上各装设一根普通拉线,两条拉线合用一个拉线下把	
高桩拉线（水平拉线）	用于跨越公路、渠道和交通要道处	
自身拉线	用于因地形限制,不能采用一般拉线处	

5.2　架空线路的施工

5.2.1　电杆的安装

　　为了防止坑壁塌方和施工方便,杆坑口尺寸要比坑底尺寸大,加大数值由表5-9中图、公式和土质情况决定。

　　电杆的埋入深度如表5-10所示。

表 5-9 电杆坑口尺寸加大的计算公式

土质情况	坑壁坡度	坑口尺寸/m	图 示
一般黏土,沙质黏土	10%	$B=b+0.4+0.1h\times2$	
砂砾、松土	30%	$B=b+0.4+0.3h\times2$	
需用挡土板的松土	—	$B=b+0.4+0.6$	b—杆坑宽度,m;
松石	15%	$B=b+0.4+0.15h\times2$	h—坑的深度,m; a—坑底尺寸,m;
坚石	—	$B=b+0.4$	$a=b+0.4$

表 5-10 电杆的埋入深度 m

杆别	5	6	7	8	9	10	11	12	13	15
木杆	1.0	1.1	1.2	1.4	1.5	1.7	1.8	1.9	2.0	—
混凝土杆	—	—	1.2	1.4	1.5	1.7	1.8	2.0	2.2	2.5

(1) 电杆的定位

不同杆型杆坑的定位方法如表 5-11 所示。

表 5-11 杆坑的定位

名称	定位方法	图 示
直线单杆杆坑的定位	在直线单杆杆位标桩处立直一根测杆(又称花杆),再在和该标桩前后相邻的杆坑标桩处沿线路中心线各立直一根测杆,若三根测杆沿线路中心线在一直线上,则表示该直线单杆杆位标桩位置正确,最后在杆位标桩前后沿线路中心线各钉一个辅助标桩	
	将大直角尺放在杆位杆桩上,使直角尺中心 A 与杆位标桩中心点重合,并使其垂边中心线 AB 与线路中心线重合,此时大直角尺底边 CD 即为线路中心线的垂线	

名称	定位方法	图　示
直线单杆杆坑的定位	在线路中心线的垂直线上于杆位标桩左右侧各钉一个辅助标桩，以便校验杆坑位置和电杆是否立直	
	根据表5-9中的公式计算出坑口宽度和根据杆坑形式确度坑口长度，并画出坑口形状	
直线门形杆杆坑的定位	用与前述同样的方法找出线路中心线的垂直线	
	用皮尺在杆位标桩的左右侧沿线路中心线的垂直线上各量出两根电杆中心线间的距离（简称根开）的$\frac{1}{2}$，各钉一个杆坑中心桩	
	根据表5-9中的公式算出坑口宽度，并根据杆坑形式确定坑口长度，画出坑口	
转角单杆杆坑的定位	在转角单杆杆位标桩前后邻近四个标桩中心点上各立直一根测杆，从两侧各看三根测杆（被检查杆位标桩上的测杆从两侧看都包括它），若转角杆标桩上的测杆正好位于所看两直线的交叉点上，则表示该标桩位置正确。然后沿所看两直线（线路中心线）上在杆位标桩前后侧等距离处各钉一辅助标桩，以备电杆及拉线坑画线和校验杆坑位置用	

名称	定位方法	图示
转角单杆杆坑的定位	将大直角尺底边中点 A 与杆位标桩中心点重合，并使大直角尺底边 CD 与二辅助标桩连线平行，画出转角二等分线和转角二等分线的垂直线，然后在杆位标桩前后左右于转角二等分线的垂直线和转角二等分线上各钉一辅助标桩，以便校验杆坑挖掘位置和电杆是否立直用	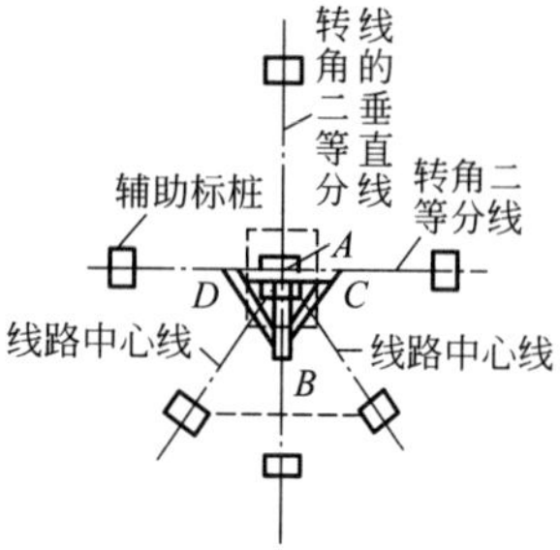
	根据表 5-9 中公式计算出坑口宽度和根据杆坑形状确定坑口长度，并画出坑口形状	
转角门形杆杆坑的定位	用与前述同样的方法检查转角门形杆位标桩位置是否正确，并沿线路中心线离杆位标桩等距离处各钉一辅助标桩	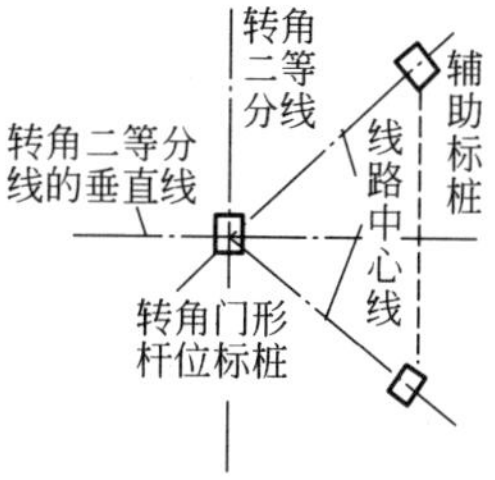
	用与前述同样的方法画出转角二等分线和转角二等分线的垂直线	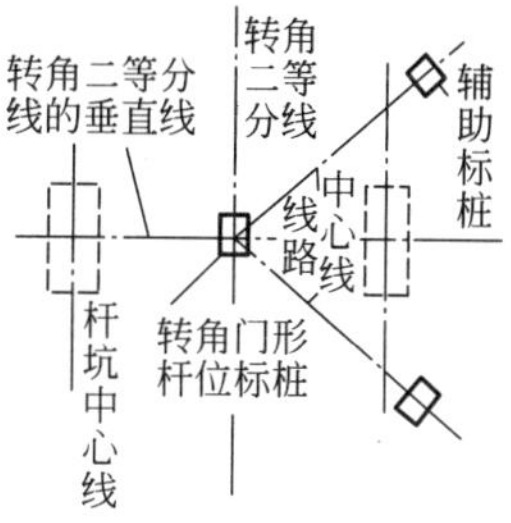
	用直线门形杆相同的方法画出坑口形状	

（2）挖杆坑

① 杆坑形状　杆坑的形状一般分为圆形和梯形。杆坑的深度根据电杆的长度和土质的好坏而定，一般为杆长的 $1/6\sim1/5$。在普通黄土、黑土、沙质黏土等场合可埋深 $1/6$，在土质松软处及斜坡处应埋深些。杆坑的形状、用途及尺寸如表 5-12 所示。

表 5-12　杆坑的形状、用途及尺寸

坑　别		用途及尺寸	图　示
圆形杆坑		用于不带卡盘或底盘的电杆 $b=$基础底面$+(0.2\sim0.4)$m $B=b+0.4h+0.6$m	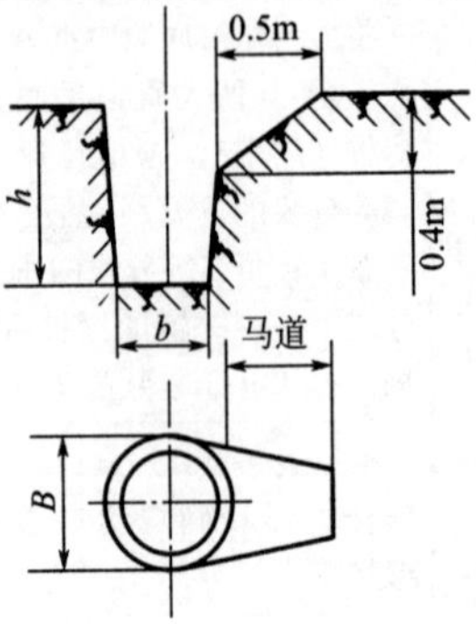
梯形杆坑	三阶杆坑	用于杆身较高、较重及带有卡盘的电杆;坑深在 1.6m 以下者采用二阶杆坑,坑深在 1.8m 以上者采用三阶杆坑 $b=$基础底面$+(0.2\sim0.4)$m $B=1.2h$ $c=0.35h$ $d=0.2h$ $e=0.3h$ $f=0.3h$ 三阶杆坑:$g=0.4h$	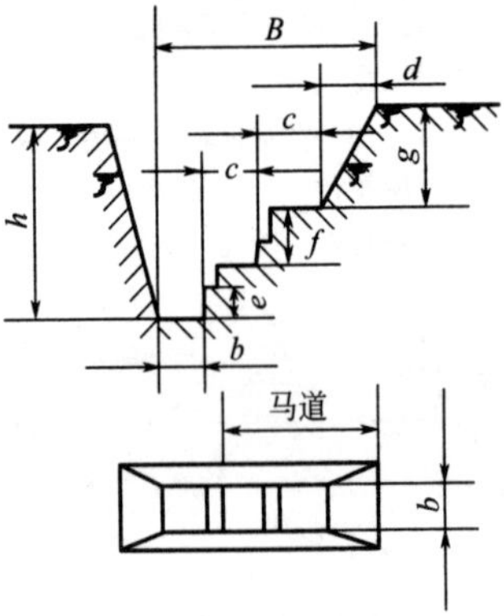
	二阶杆坑	二阶杆坑:$g=0.7h$	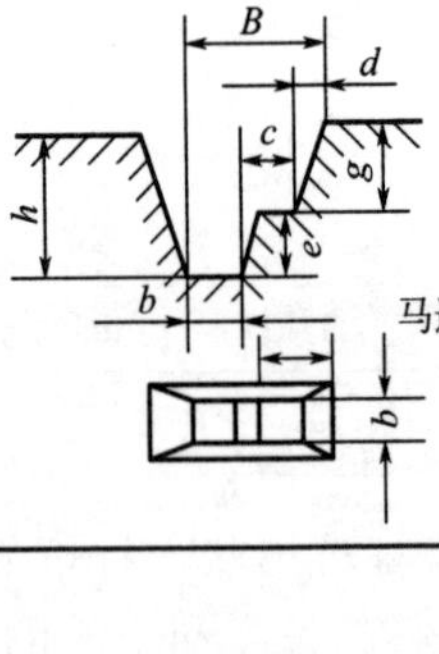

② 挖杆坑

a. 挖圆形杆坑。对于不带卡盘的电杆,一般挖成圆形杆坑,圆形杆坑挖动的土量较少,对电杆的稳定性较好。挖圆形坑的工具可采用螺旋钻洞器或夹铲等。

b. 挖梯形杆坑。对于杆身较高较重及带有卡盘的电杆，为了立杆方便，一般挖成梯形坑。梯形坑有二阶杆坑和三阶杆坑两种。坑深在1.6m以下者采用二阶坑，坑深在1.8m以上者采用三阶坑。挖掘梯形杆坑的工具可采用镐和锹。

c. 挖土时，杆坑的马道要开在立杆方向，挖出的土应堆放到离坑0.5m外的地方。

d. 当挖至一定深度坑内出水时，应在坑的一角深挖一个小坑集水，然后将水排出。

e. 杆坑的深度等于电杆埋设深度，如装底盘时，杆坑的深度应加上底盘厚度。

③ 杆基加固　为增强线路和电杆的稳定性，应对电杆的杆基进行加固。

a. 杆基的一般加固方法。直线杆将受到线路两侧的风力而影响平衡，但又不可能在每档电杆左右都安装拉线，所以一般采用如图5-18所示方法来加固杆基。先在电杆根部四周填埋一层深300～400mm的乱石，在石缝中填足泥土捣实，然后再覆盖一层100～200mm厚的泥土并夯实，直至与地面齐平。

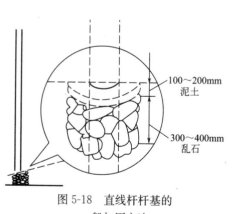

图 5-18　直线杆杆基的
一般加固方法

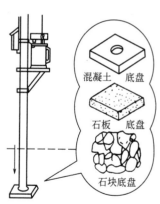

图 5-19　底盘的形状和
安装方法

b. 杆基安装底盘的加固方法。对于装有变压器和开关等设备的承重杆、跨越杆、耐张杆、转角杆、分支杆和终端杆等，或土质过于松软的电杆，可采用在杆基安装底盘的方法来减小电杆底部对土壤的压强，以加强电杆对下沉力的承受能力。底盘一般用石板或混凝土制成方形或圆形，也有的采用在杆坑底部用石块底盘并灌浇混凝土的方法。底盘的形状和安装方法如图 5-19 所示。

安装底盘的杆坑，要求坑底挖得平整，底面应水平，坑底平面下不可浅沉不均或有不规则的石块。底盘安放入坑时，应渐渐落到坑底，以防碎裂，崩裂破碎的底盘不得使用。

c. 杆基安装地横木或卡盘的加固方法。为增强线路和电杆的稳定性，在距地面 0.5m 处，木杆可在杆基加装一个地横木（俗称拨浪鼓），地横木的规格一般为 $\phi170\text{mm} \times 1200\text{mm}$，用镀锌铁丝绑在电杆根部，如图 5-20 所示。

水泥杆可在杆基加装一个卡盘，卡盘一般用混凝土制成 $400\text{mm} \times 200\text{mm} \times 800\text{mm}$ 的长方形，其外形和安装方法如图 5-21 所示。

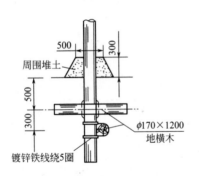

图 5-20　地横木的安装

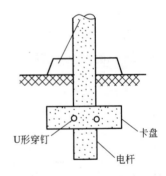

图 5-21　一道上单边卡盘的安装

对于一般直线杆，为加强电杆抗侧向风力能力，通常都采用一道上单边卡盘的安装方法，且需逐杆依次两侧交叉布设，如图 5-22(a) 所示；若侧向风力不太强，也可隔杆两侧交叉布设，如图 5-22(b) 所示。在转角杆上，卡盘应靠在与导线张力的同向边，如图 5-22(a) 所示。

在侧向风力较大的地区，通常采用上、下单边卡盘和上单边、下双边卡盘的安装方式，如图 5-23(a) 和（b）所示。

(a) 逐杆依次两侧交叉布设及转角处安装方向

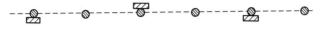

(b) 隔杆两侧交叉布设

图 5-22　卡盘的布设方法

耐张杆、终端杆、转角杆和跨越杆等通常采用单道上双边，上、下双边或上双边、下单边卡盘的安装形式，如图 5-23(c)、(d) 和（e）所示。

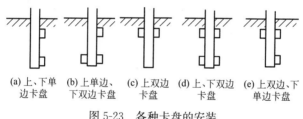

(a) 上、下单　(b) 上单边、　(c) 上双边　(d) 上、下双边　(e) 上双边、下
边卡盘　　　下双边卡盘　　卡盘　　　　卡盘　　　　单边卡盘

图 5-23　各种卡盘的安装

（3）竖杆

根据杆型与所用工具的不同，竖杆的方法也有多种，最常用的有三种：汽车起重机竖杆、架杆（又称叉杆）竖杆与人字抱杆竖杆。

① 汽车起重机竖杆　汽车起重机竖杆比较安全，效率也高，适用于交通方便的地方，有条件的地方，应尽量采用。竖杆前先将汽车起重机开到距坑适当的位置并加以稳固，然后把起重钢丝绳结在距电杆根部的 1/2～2/3 处，再在杆顶向下 500mm 处结三根调整绳（又称牵绳）和一根脱落绳。

起吊时，坑边站两人负责电杆根部进坑，另由三人各拉一根调整绳，站成以坑为中心的三角形，由一人指挥，如图 5-24 所示。当电杆根部吊离地面约 200mm 时，将杆根移至杆坑口，并对各处

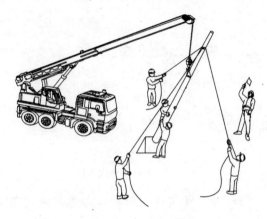

图 5-24　汽车起重机竖杆

绳扣进行一次检查，确认无问题后再继续起吊，电杆就会一边竖直，一边伸入坑内，同时利用调整绳朝电杆竖直方向拖拉，以加快电杆竖直。当杆接近竖直时，即应停吊，并缓慢地放松钢丝吊绳，同时利用调整绳校直电杆。当电杆完全入坑后，应进一步校直电杆，电杆的校直方法如图 5-25 所示。

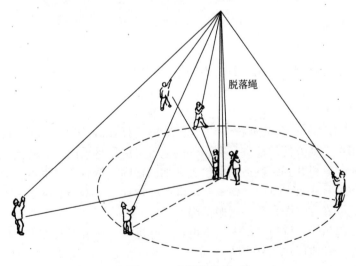

图 5-25　电杆的校直

② 架杆（叉杆）竖杆　短于 8m 的混凝土杆和高于 8m 的木杆，可用架杆竖杆。

常用的架杆有 4m、5m、6m 长，高、中、低三副，梢径为 80～100mm。在距其根部 0.7～0.8m 处，穿有长 300～400mm 的螺栓，并用 φ4mm 的镀锌铁丝绑绕，以便手能握住，便于进行操作。在距杆顶 30mm 处，用长 0.5m 左右的钢丝绳或铁链连接，并用卡钉固定。架杆的方法如图 5-26 所示。

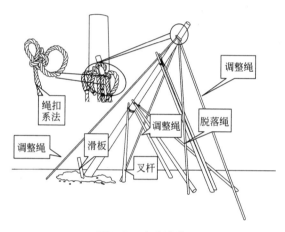

图 5-26　架杆竖杆

首先在电杆顶部的左右两侧及后侧拴上两根或三根拉绳，以控制杆身，防止电杆竖立过程中倾倒。拉绳采用 φ25mm 的棕绳，每根绳子的长度不小于杆长的两倍。在电杆基杆中，竖一块木滑板，先将杆根移至坑边，对正马道，然后将电杆根部抵住木滑板，电杆由人力用抬杠抬起电杆头后，再用 2～3 副架杆撑顶电杆，边撑顶，边交替向根部移动，使电杆逐渐竖起。当电杆竖起至 30°左右时，可抽出滑板，用临时拉绳牵引，使电杆竖直。最后，用两副架杆相对支撑电杆以防电杆倾倒。待杆身调整、校直后可进行填土。

③ 人字抱杆竖杆　人字抱杆竖杆适用于 15m 以下的电杆，基本上不受地形限制，施工也比较方便。

人字抱杆由两根梢径为 100～150mm（或 φ80mm 的钢管）、长为 6～8m 的直木杆组成，杆顶用钢丝绳绑住或铁件固定。

先在抱杆顶端装两根长 1.5 倍杆长的钢丝绳作临时拉绳，然后以杆坑为中心，把抱杆的两脚前后跨开 2m 左右，在距杆坑左右 15～20m 处，各打一根角铁桩，接着牵拉钢丝拉绳，使两脚抱杆竖起，当抱杆竖起后，使抱杆顶端对准坑心。再用能承载 3t 的二、三滑轮组，挂在抱杆顶端连接处，上端三滑轮中的约 ϕ10mm 的钢丝绳沿一根抱杆引下，通过根部的一个导向滑轮，然后利用绞盘机进行牵引，如图 5-27 所示。

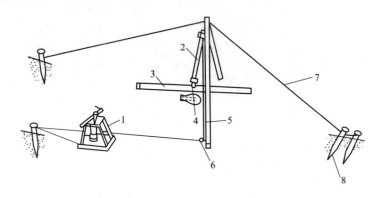

图 5-27　人字抱杆竖杆
1—绞盘机；2—滑轮组；3—电杆；4—杆坑；5—人字抱杆；
6—导向滑轮；7—钢丝拉绳；8—钢杆（拉线桩）

然后在离电杆顶端 500mm 处结三根调整绳和一根脱落绳，并在距电杆根 2/5 处结一根起吊钢丝绳，将抱杆架上的吊钩勾住起吊钢丝绳，摇动绞盘机构，使电杆吊起。当电杆吊直后，即把电杆根部对准杆坑，反摇绞盘机，使电杆插入杆坑，最后校直电杆。

（4）埋杆

当电杆竖起并调整好后，即可用铁锹沿电杆四周将挖出的土填回坑内，回填土时，应将土块打碎，并清除土中的树根、杂草，必要时可在土中掺一些块石。每回填 500mm 土时，就夯实一次。对于松软土质，则应增加夯实次数或采取加固措施。夯实时，应在电杆的两侧交替进行，以防电杆的移位或倾斜。

回填土后的电杆基坑应设置防沉土层。土层上部面积不宜小于坑口面积，土层高度应超出地面 300mm，如图 5-28 所示。

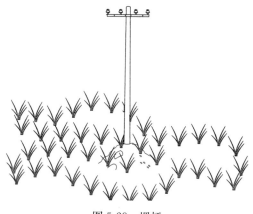

图 5-28 埋杆

5.2.2 横担安装

为了施工方便,一般都在地面上将电杆顶部的横担、绝缘子及金具等全部组装完毕,然后整体立杆。

(1) 直线杆铁横担的安装

直线杆铁横担的安装步骤及横担的固定、安装方法如表 5-13～表 5-15 所示。

表 5-13 直线杆铁横担的安装步骤

步　骤	图　示
在横担上合好 M 形垫铁	M形垫铁 角钢横担
用 U 形抱箍从电杆背部抱过杆身、穿过 M 形垫铁和横担的两孔,用螺母拧紧固定	U形抱箍　电杆
安装后的铁横担	电杆　U形抱箍 M形垫铁　角钢横担

表 5-14 横担的固定方法

名称	用 U 形抱箍固定	用半固定夹板固定	双横担固定
图示		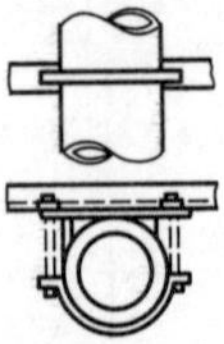	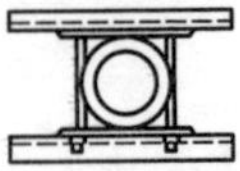

表 5-15 横担的安装方法

名称	直线横担安装	直线转角横担安装	90°转角横担安装
图示	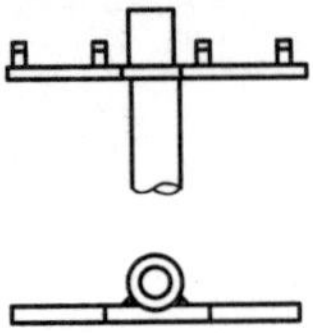	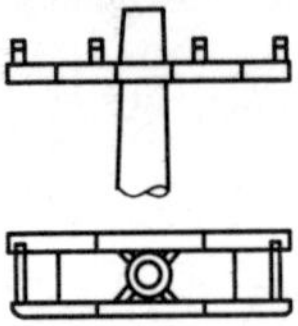	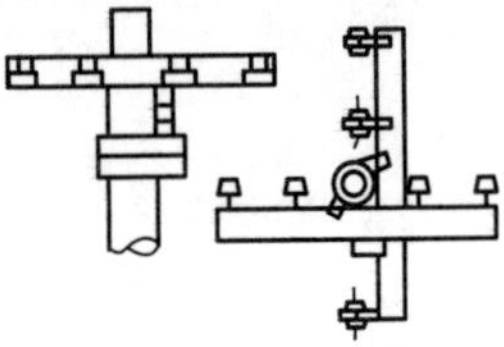

名　称	直线分支横担安装	直线转角分支横担安装	终端横担安装
图示	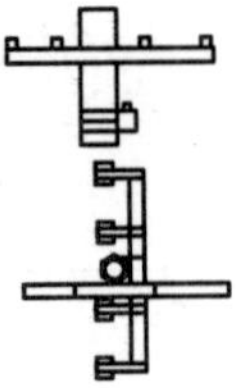	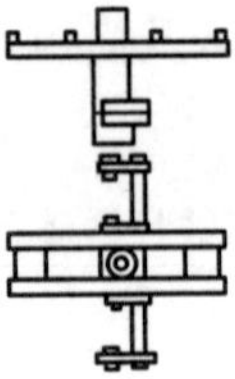	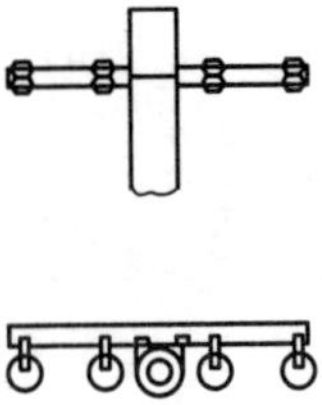

（2）瓷横担的安装

瓷横担用于直线杆上具有代替横担和绝缘子的双重作用，它的绝缘性能较好，断线时能自行转动，不致因一处断线而扩大事故。瓷横担的安装方法如图 5-29（a）所示。图 5-29（b）为 3～10kV 高压线路中导线为三角排列的瓷横担安装位置。

当直立安装时，顶端顺线路歪斜不应大于 10mm。当水平安装时，顶端宜向上翘起 5°～15°，顶端顺线路歪斜不应大于 20mm。

（3）横担安装位置

① 直线杆的横担应安装在受电侧（与电源相反的方向）。

② 转角杆、分支杆、终端杆以及受导线张力不平衡的地方，

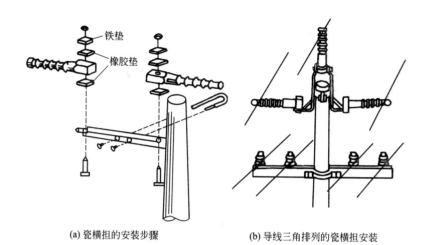

铁垫

橡胶垫

(a) 瓷横担的安装步骤　　　　　(b) 导线三角排列的瓷横担安装

图 5-29　瓷横担的安装

横担应安装在张力的反方向侧。

③ 多层横担均应装在同一侧。

④ 有弯曲的电杆，横担均应装在弯曲侧，并使电杆的弯曲部分与线路的方向一致。

（4）横担安装的注意事项

① 横担的上沿，应装在离杆顶 100mm 处；并应装得水平，其倾斜度不大于 1%。

② 在直线段内，每档电杆上的横担必须互相平行。

③ 在安装横担时，必须使两个固定螺栓承力相等。在安装时，应分次交替地拧紧两侧两个螺栓上的螺母。

5.2.3　绝缘子（瓷瓶）的安装

① 绝缘子的额定电压应符合线路电压等级要求。安装前检查有无损坏，并用 2500V 兆欧表测试其绝缘电阻，阻值不应低于 300MΩ。

② 紧固横担和绝缘子等各部分的螺栓直径应大于 16mm，绝缘子与铁横担之间应垫一层薄橡皮。

③ 螺栓应由上向下插入瓷瓶中心孔，螺母要拧在横担下方，螺栓两端均需套垫圈。

④ 螺母需拧紧，但不能压碎绝缘子。

⑤ 绝缘子安装应牢固，连接可靠，防止瓷裙积水。裙边与带电部位的间隙不应小于 50 mm。

⑥ 悬式绝缘子的安装，应使其与电杆、导线金具连接处无卡压现象。耐张串上的弹簧销子及穿钉应由上向下穿，悬垂串上的弹簧销子、螺栓及穿钉应向受电侧穿入。两边线应由内向外，中间线应由左向右穿入。

5.2.4 拉线的制作安装

（1）拉线的材料及长度估算

电杆拉线目前所采用的材料有镀锌铁线和镀锌钢绞线两种。镀锌铁线一般用直径为 4mm 的规格，施工时要绞合，制作比较麻烦，特别是 9 股以上的拉线，绞合不好就会产生各股受力不均现象。10kV 及以下线路，一般用镀锌铁线制作拉线，每条拉线不少于 3 股；在承载力较大，每条拉线须超过 9 股时，则应改用镀锌钢绞线。镀锌钢绞线施工方便，强度稳定，在有条件的地方可尽量采用。镀锌铁线与镀锌钢绞线的换算如表 5-16 所示。

表 5-16　镀锌铁线与镀锌钢绞线的换算

φ4mm 镀锌铁线根数	3	5	7	9	11	13	15	17	19
镀锌钢绞线截面积/mm²	25	25	35	50	70	70	100	100	100

拉线的示意如图 5-30 所示。

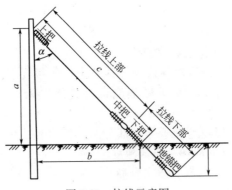

图 5-30　拉线示意图

拉线的长度可用下面公式近似计算

$$c=K(a+b)$$

式中，K 取 0.71～0.73。当 a 与 b 值接近时，K 值取 0.71；当 a 是 b（或 b 是 a）的 1.5 倍左右时，K 取 0.72；当 a 是 b（或 b 是 a）的 1.7 倍左右时，K 取 0.73。

计算出来的拉线长度应减去花篮螺栓长度和地锚柄露出地面的长度，再加上两头扎线长度才是拉线的下料长度。

（2）拉线的制作

拉线的制作有束合法和绞合法两种。绞合法存在绞合不好会产生各股受力不均的缺陷，目前常用束合法。

① 拉线的伸直

a. 手工伸直法。将 $\phi 4mm$ 的镀锌铁线两端采用"双 8 字扣"（即双背扣）拴在电杆（或大树根部）上，然后由 4～5 人用力拉数次即可，如图 5-31 所示。

b. 紧线器伸直法。将紧线器用铁线拴在电杆上并将铁线夹住，铁线的另一端采用"双 8 字扣"拴在大树上（或电杆上），如图 5-32 所示。摇动紧线器的手柄，使紧线器上翼形螺母旋转收紧镀锌铁线，铁线即可伸直。

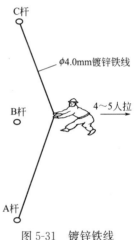

图 5-31　镀锌铁线的手工伸直

② 拉线的束合　将拉直的镀锌铁线按需要长度剪断，根据拉线股数合在一起。在距地面 $2m$ 以下部分每隔 $0.6m$，在距地面 $2m$ 以上部分每隔 $1.2m$，用 $\phi 1.6$～$1.8mm$ 的镀锌铁线，紧紧绕 3 圈后，再用电工钳将铁线两端拧成麻花形的小辫，如图 5-33 所示，使小辫拧成三个以上麻花，才能剪断，形成束合线。

③ 拉线把的缠绕　拉线把的缠绕有自缠法和另缠法两种。当铁线比较柔软时应采取自缠法，因其施工较方便且牢固。当铁线很硬或为钢绞线时，可用另缠法。

a. 自缠法。将拉线折回部分各股散开紧贴在拉线上，在折回

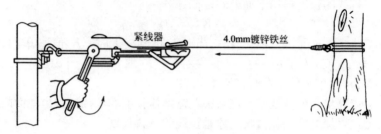

图 5-32　紧线器伸直铁线

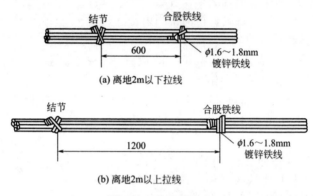

（a）离地2m以下拉线

（b）离地2m以上拉线

图 5-33　拉线的束合

散开的拉线中抽出一股用电工钳在合并部分用力缠绕 10 圈后，再抽出第二股线将它压在下面留出约 15mm，将其余部分剪掉，并把它折回压在缠绕的线圈上。用第二股线以同样的方法缠绕 9 圈后，再抽出第三股线将它压在下面留出约 15mm，将其余部分剪掉，并把它折回压在缠绕的线圈上。依此类推，将缠绕圈数每次减少一圈，一直降至缠绕 5 圈即到第六段为止，如图 5-34 所示。

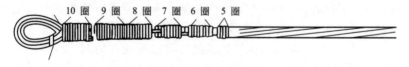

图 5-34　自缠拉线把

　　9 股及以上拉线，每次可用两根一起缠绕，每次的余线至少要留出 30mm 压在下面，余留部分剪齐折回 180°，紧压在缠绕层外。若股数较少，缠绕不到 6 次即可终止。

b. 另缠法（拉线上把制作）。装在混凝土电杆上的拉线上把，须用拉线抱箍及螺栓固定。其方法是用一个螺栓将拉线抱箍抱在电杆上，然后把预制好的上把拉线环放在两片抱箍的螺孔间，穿入螺栓拧上螺母固定，如图 5-35 所示。

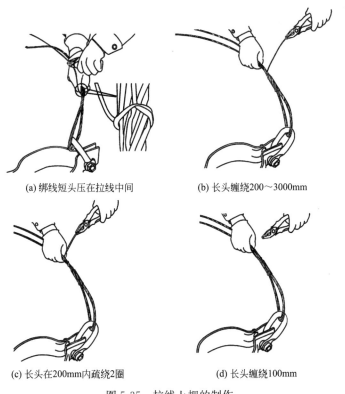

(a) 绑线短头压在拉线中间   (b) 长头缠绕200～3000mm

(c) 长头在200mm内疏绕2圈   (d) 长头缠绕100mm

图 5-35 拉线上把的制作

在上把两段密缠绕之处的中间稀疏地绕缠 1～2 圈，这些圈俗称为"花绑"。

④ 装设拉线把

a. 埋设拉线盘。目前普遍采用圆钢拉线棒制成拉线盘，它的下端套有螺纹，上端有拉环，安装时拉线棒穿过水泥拉线盘孔，放好垫圈，拧上螺母即可，如图 5-36 所示。

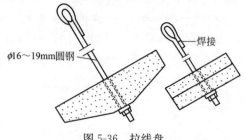

图 5-36　拉线盘

拉线盘选择及其埋设深度，以及拉线底把所采用的镀锌铁线和镀锌钢绞线与圆钢拉线棒的换算如表 5-17 所示。

表 5-17　拉线盘的选择及埋深

拉线所受张力 /×10⁴N	选用拉线规格		拉线盘规格 /m	拉线盘埋深 /m
	镀锌铁线 /股	镀锌钢绞线截面积 /mm²		
1.5 以下	5 以下	25	0.6×0.3	1.2
2.1	7	35	0.8×0.4	1.3
2.7	9	50	0.8×0.4	1.5
3.9	13	70	1.0×0.5	1.6
5.4	2×9	2×50	1.2×0.6	1.7
7.8	2×13	2×70	2×0.6	1.9

下把拉线棒装好后，将拉线盘放正，使底把拉环露出地面 500～700mm，随后就可分层填土夯实。填土时，要使用含水不多的干土，最好夹杂一些石子石块。拉线棒地面上下 200～300mm 处，都要涂以沥青。泥土中含有盐碱成分较多的地方，还要从拉线棒出土 150mm 处起，缠绕 80mm 宽的麻带，缠到地面以下 350mm 处，并浸透沥青，以防腐蚀。涂沥青和缠麻带，都应在填土前做好。

b. 拉线绝缘子的安装。将拉线的线束从绝缘子线槽内绕过来。在距端头 600mm 的位置弯曲，形成两倍绝缘长左右的环形，调整使其线束整齐、严密。

在紧靠绝缘子位置和在距线束 150mm 位置各安装一个卡扣，

如图 5-37 所示。

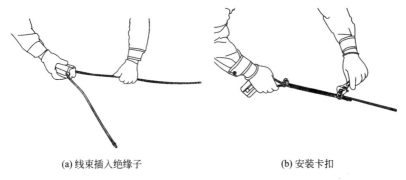

(a) 线束插入绝缘子　　　　　　　　　(b) 安装卡扣

图 5-37　拉线绝缘子的安装

c. 拉线下把的制作。将拉线下部的上端折回约 1.2m，弯成环形，嵌进下把拉线棒的拉环内，并使其紧靠拉环，然后用自缠法或另缠法缠绕 150～200mm，如图 5-38 所示。

d. 紧拉线做中把。在收紧拉线前，先将花篮螺栓的两端螺杆旋入螺母内，使它们之间保持最大距离，以备继续旋入调整。然后将紧线钳的钢丝绳伸开。一只紧线钳夹握在拉线高处，再将拉线下端穿过花篮螺栓的拉环，放在三角圈槽里，向上折回，并用另一只紧线钳夹住，花篮螺栓的另一端套在拉线棒的拉环上。然后慢慢将拉线收

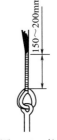

图 5-38　拉线下把的制作

紧，紧到一定程度时，检查一下杆身和拉线的各部位，如无问题后，再继续收紧，把电杆校正。

为了防止花篮螺栓螺纹倒转松退，可用一根 ϕ4mm 的镀锌铁线，两端从螺杆孔穿过，在螺栓中间绞拧两次，再分别向螺母两侧绕 3 圈，最后将两端头自相扭结，使调整装置不能任意转动。

5.2.5　安装导线

架空线路的导线，一般采用铝绞线。当 10kV 及以下的高压线路档距或交叉档距较长、杆位高差较大时，宜采用钢芯铝绞线。在沿海地区，由于盐雾或有化学腐蚀气体的存在，宜采用防腐铝绞

线、铜绞线。在街道狭窄和建筑物稠密的地区，应采用绝缘导线。

（1）放线

放线，就是将成卷的导线沿着电杆的两侧放开，为将导线架设到横担上作准备。

放线前，应清除沿线的障碍物。在展放过程中，应对导线进行外观检查，导线不应发生磨伤、断股、扭曲等现象。

放线的方法一般有两种，一种是以一个耐张段为一个单元，把线路所需导线全部放出，置于电杆根部地面，然后按档把全部耐张段导线同时吊上电杆；另一种方法是一边放出导线，一边逐档吊线上杆。在放线过程中，如导线需要对接时，应在地面先用压接钳进行压接，再架线上杆。

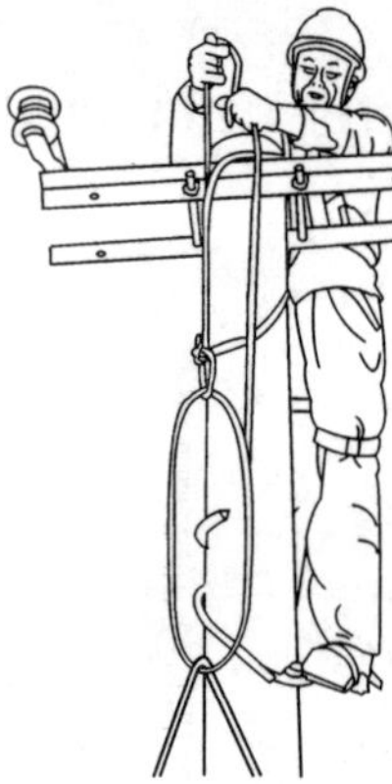

（2）架线

架线，就是将展放在靠近电杆两侧地面上的导线架设到横担上。导线上杆，一般采用绳吊，如图 5-39 所示。

架线时，截面积较小的导线，一个耐张段全长的四根导线可一次吊上；截面积较大的导线，可分成每两根吊一次。吊线应同时上杆。

图 5-39　架线方法

导线上杆后，一端线头绑扎在绝缘子上，另一端线头夹在紧线器上，中间每档把导线布在横担上的绝缘子附近，嵌入临时安装的滑轮内，不能搁在横担上，以防导线在横担、绝缘子和电杆上摩擦。

中性线应放在电杆的内档，三相四线在电杆上的排列相序一般为 L_1、N、L_2、L_3 或 L_1、L_2、N、L_3 等。

（3）紧线

紧线是在每个耐张段内进行的。紧线时，先把一端导线牢固地绑扎在绝缘子上，然后在另一端用紧线器紧线。

紧线器定位钩要固定牢靠，以防紧线时打滑。紧线器的夹线钳口应尽可能拉长一些，以增加导线的收放幅度，便于调整导线的垂弧的需要，如图 5-40 所示。

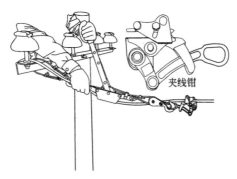

图 5-40　紧线方法

（4）导线弧垂的测量

架空导线的弛度一般以弧垂表示。导线弧垂的测量通常与紧线配合进行。

一个耐张段内的电杆档距基本相等，而每档距内的导线自重也基本相等，故在一个耐张段内，不需对每个档距进行弧垂测量，只要在中间 1～2 个档距内进行测量即可，测量应从横担中间（即近电杆）的一根开始，接着测电杆另一边对应的一根，然后再交叉测量第三和第四根，这样能使横担受力均匀，不致因紧线而出现扭斜。

导线弧垂的测量方法一般有等长法和张力表法两种，施工中常用等长法，即平行四边形法。

采用等长法测定弧垂时，应首先按当时环境温度查架空导线的弛度表，架空导线的最低弛度标准如表 5-18 所示。然后再将两把弧垂测量标尺上的横杆调节到弛度值，并把两把标尺分别挂在被测量档距的两根电杆的同一根导线上，如图 5-41 所示。

表 5-18　架空导线最低弛度标准

温度/℃	档距/m					
	30	35	40	45	50	60
	弛度/m					
−40	0.06	0.08	0.11	0.14	0.17	0.25
−30	0.07	0.09	0.12	0.15	0.19	0.27

温度/℃	档距/m					
	30	35	40	45	50	60
	弧度/m					
−20	0.08	0.11	0.14	0.18	0.22	0.31
−10	0.09	0.12	0.16	0.20	0.25	0.36
0	0.11	0.15	0.19	0.24	0.30	0.43
10	0.14	0.18	0.24	0.30	0.38	0.45
20	0.17	0.23	0.30	0.38	0.47	0.57
30	0.21	0.28	0.37	0.47	0.58	0.83
40	0.25	0.35	0.44	0.56	0.69	0.99

注：1. 导线的弛度也称弧垂，是指一个档距内导线自然垂下的离地最低点与绝缘子上固定点的差距。

2. 如有安装设计要求，应按要求执行。

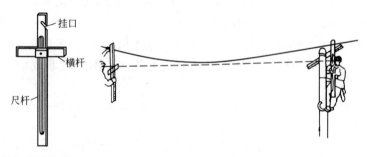

(a) 弧垂测量标尺　　　　　　　(b) 弧垂测量

图 5-41　导线的弧垂测量

测量时，两个测量者彼此从标尺的横杆上进行观察，并指挥紧线；当两横杆上沿与导线下垂的最低点成一条直线时，则说明导线的弛度已调整到预定的要求。

（5）固定导线

导线在绝缘子上的固定，均采用绑扎法，裸铝绞线因质地过软，而绑线较硬，且绑扎时用力较大，故在绑扎前需在铝绞线上包缠一层保护层，包缠长度以两端各伸出绑扎处 20mm 为准。

导线在绝缘子上的固定方法如表 5-19 所示。

表 5-19 导线在绝缘子上的固定方法

名 称	步 骤	图 示
直线段导线在蝶形绝缘子上的绑扎	①把导线紧贴在绝缘子颈部嵌线槽内,把扎线一端留出足够在嵌线槽上绕一圈和导线上绕 10 圈的长度,并使扎线与导线成 X 状相交	
	②把扎线从导线右下侧线嵌线槽背后绕至导线左边下侧,按逆时针方向围绕正面嵌线槽,从导线右边上侧绕出	
	③接着将扎线贴紧并围绕绝缘子嵌线槽背后至导线左边下侧,在贴近绝缘子处开始,将扎线在导线上紧缠 10 圈后剪除余端	
	④把扎线的另一端围绕嵌线槽背后至导线右边下侧,也在贴近绝缘子处开始,将扎线在导线上紧缠 10 圈后剪除余端	
始终端支持点在蝶形绝缘子上的绑扎	①把导线末端先在绝缘子嵌线槽内围绕一圈	

名　称	步　骤	图　示
始终端支持点在蝶形绝缘子上的绑扎	②接着把导线末端压着第一圈后再围绕第二圈	
	③把扎线短的一端嵌入两导线末端并合处的凹缝中,扎线长的一端在贴近绝缘子处,按顺时针方向把两导线紧紧地缠扎在一起	
	④把扎线在始、终端导线上紧缠到100mm 长后,与扎线短的一端用克丝钳紧绞 6 圈后剪去余端,并紧贴在两导线的夹缝中	100mm 30mm
针式绝缘子的颈部绑扎	①绑扎前先在导线绑扎处包缠150mm 长的铝箔带	
	②把扎线短的一端在贴近绝缘子处的导线右边缠绕 3 圈,然后与另一端扎线互绞 6 圈,并把导线嵌入绝缘子颈部嵌线槽内	20mm
	③接着把扎线从绝缘子背后紧紧地绕到导线的左下方	

名　称	步　骤	图　示
针式绝缘子的颈部绑扎	④接着把扎线从导线的左下方围绕到导线右上方,并如同上法再把扎线绕绝缘子1圈	
	⑤然后把扎线再围绕到导线左上方	
	⑥继续将扎线绕到导线右下方,使扎线在导线上形成X形的交绑状	
	⑦最后把扎线围绕到导线左上方,并贴近绝缘子处紧缠导线3圈后,向绝缘子背部绕去,与另一端扎线紧绞6圈后,剪去余端	
针式绝缘子的顶部绑扎	①把导线嵌入绝缘子顶嵌线槽内,并在导线右端加上扎线	
	②扎线在导线右边贴近绝缘子处紧绕3圈	
	③接着把扎线长的一端按顺时针方向从绝缘子颈槽中围绕到导线左边下侧,并贴近绝缘子在导线上缠绕3圈	

名　称	步　骤	图　示
针式绝缘子的顶部绑扎	④然后再按顺时针方向围绕绝缘子颈槽到导线右边下侧,并在右边导线上缠绕3圈(在原3圈扎线右侧)	
	⑤然后再围绕绝缘子颈槽到导线左边下侧,继续缠绕导线3圈(也排列在原3圈左侧)	
	⑥把扎线围绕绝缘子颈槽从右边导线下侧斜压住顶槽中的导线,并将扎线放到导线左边内侧	
	⑦接着从导线左边下侧按逆时针方向围绕绝缘子颈槽到右边导线下侧	
	⑧然后把扎线从导线右边下侧斜压住顶槽中导线,并绕到导线左边下侧,使顶槽中导线被扎线压成X状	
	⑨最后将扎线从导线左边下侧按顺时针方向围绕绝缘子颈槽到扎线的另一端,相交于绝缘子中间,并互绞6圈后剪去余端	

5.2.6　低压进户装置的安装

（1）进户方式

进户方式包括进户供电的相数和进户装置的结构形式及组成。

① 进户相数　电业部门根据低压用户的用电申请,将根据用户所在地的低压供电线路容量和用户分布等情况决定给以单相两

线、两相三线、三相三线或三相四线制的供电方式。凡兼有单相和三相用电设备的用户，以三相四线制供电，能分别为单相 220V 的和三相 380V 的用电设备提供电源。凡只有单相设备的用户，在一般情况下，申请用电量在 30A 及以下的（申请临时用电为 50A 及以下的）通常均以单相两线制供电；若申请用电量在 30A 以上的（临时用电为 50A 以上的）应以三相四线制供电，因为，这样能避免公用配电变压器出现严重的三相负载不平衡，所以，用户必须把单相负载平均分接在三个单相回路上（即 L_1-N、L_2-N 和 L_3-N）。

② 进户装置的结构形式（也称进户方式） 进户方式由用户建筑结构、供电相数和供电线路状况等因素决定，有如图 5-42 所示的几种。

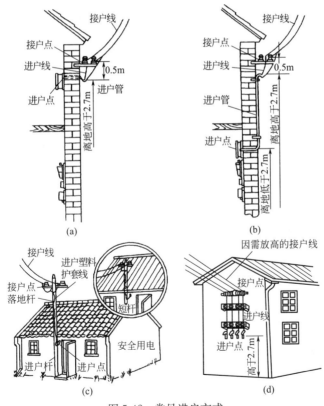

图 5-42 常见进户方式

③ 进户装置的组成 进户装置由进户线、进户管、进户杆以及电业部门的接户线四部分组成，并构成两个点，即进户点和接户点。进户点是进户线穿过墙壁通入户内的一点，穿墙的一段进户线必须用管子加以保护，接户点是进户线在接户线上引接电源的一点。

（2）低压进户装置的安装

① 进户杆 进户杆一般由用户置备，分有长杆（也称落地杆）和短杆两种。进户杆可采用混凝土杆或木杆，形状可采用圆的或方的。

a. 木杆的规格和安装要求。木杆应有足够的机械强度，梢径不应小于表 5-20 所示的规定。

表 5-20 木杆梢径的最小尺寸

木杆类型	最小尺寸/mm	
	单相线时	三相线时
落地杆	10	13
短杆	8	10
方形短杆	7.5×7.5	9×9

短木杆的长度一般为 2m 左右，与建筑物连接时，应用两个通墙螺栓或抱箍等紧固方法进行接装。两个紧固点的中心距离不应小于 500mm。

为了防止木质腐烂，木杆顶端应劈成錾口状尖端，并应涂刷沥青防腐；长杆埋入地面前，应在地面以上 300mm 和地面以下 500mm 的一段，采用烧根或涂沥青等方法进行防腐处理。

在安装木杆时，要大头在下，防止倒装，尤其是短木杆极易装错，更应注意。

b. 混凝土杆的规格和安装要求。混凝土杆应具有足够的机械强度，不可有弯曲、裂缝、露筋和松酥等现象。

c. 进户杆的横担规格和安装要求。进户杆上的横担通常采用角钢加装绝缘子构成。角钢规格：单相两线的为 40mm×5mm；两相三线和三相四线的为 50mm×50mm×6mm。绝缘子在横担上的安装尺寸，要以两绝缘子中心距离为标准，在一般情况下，中心距离为150～200mm。用户户外输出线路与接户线同杆架设时，输出线应安装在接户线下方，并保持足够的距离。横担不应出现倾斜。

② 进户线　进户线是指一端接于接户点，另一端接于进户后总熔断器盒的这一段导线。进户线必须采用绝缘电线，且不可采用软线，中间不可有接头。

进户线的最小截面积规定为：铜芯绝缘导线不得小于$1.5mm^2$，铝芯绝缘导线不得小于$2.5mm^2$。进户线在安装时应有足够的长度，户外一端应保持如图 5-43 所示的弧度。

进户线的户外侧一端长度，在出管口后应保持 800mm 纯长（不包括与接户线的连接部分长度），否则，不能保证有近似 200mm 的弧度；户内侧一端长度，应保证能接入总熔断器盒内，一般应保证达到总熔断器盒木板上沿以下的 150mm 处。

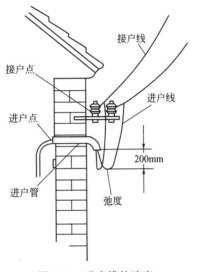

图 5-43　进户线的弧度

凡采用截面积为 $35mm^2$ 及以上的导线时，为了防止雨水因虹吸作用而渗入户内，应在导线弧度的最低处将绝缘层开个缺口，让雨水顺缺口漏下。

③ 进户管　进户管是用来保护进户线的，分有瓷管、钢管和硬塑料管三种。瓷管又分为弯口和反口两种。各种进户管的规格和安装要求如下：

a. 瓷管。进户线的截面积不大于 $50mm^2$ 时，采用弯口瓷管，大于 $50mm^2$ 时，采用反口瓷管。规定一根导线单独穿一根瓷管，不可一管穿多根导线，否则会因瓷管破碎时损坏导线绝缘而造成短路事故。瓷管管径以内径标称，常用的有 13mm、16mm、19mm、25mm 和 32mm 等多种，按导线粗细来选配，一般以导线截面积

（包括绝缘层）占瓷管有效截面积的 40％ 左右为选用标准，但最小的管径不可小于 16mm。安装时，弯口瓷管的弯口应朝向地面，反口瓷管户外一端应稍低，以防雨水灌进户内。当一根瓷管长度不够穿越墙的厚度时，允许用同管径反口瓷管接长，但连接处必须平服、密封。

b. 钢管或硬塑料管。应把所有的进户线穿在同一根管内，管径大小应根据导线的粗细和根数选用，导线占管内的有效面积和最小管径的规定，与瓷管相同。凡有裂缝和瘪陷等缺损的钢管及硬塑料管，均不能使用。在安装前，钢管应经过防锈处理，如镀锌或涂漆。管内和管口处不能存有毛刺。管子伸出户外的一端应制成防雨弯，如图 5-44 所示。钢管的两端管口皆应加装护圈。进户钢管（或硬塑料管）装在进户杆上时，应装在横担下方，管口与接户点之间应保持 0.5m 的距离。进户钢管的壁厚不应小于 2.5mm；进户硬塑料管的壁厚不应小于 2mm。

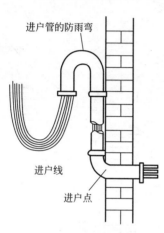

进户管的防雨弯

进户线

进户点

图 5-44　进户管的防雨弯

5.3　架空线路的运行与检修

5.3.1　架空线路的运行

（1）架空线路巡视分类

① 定期巡视。一般每月不少于一次，雷雨季节应适当增加巡视次数。

② 特殊巡视。一般在用电高峰或台风、雷雨等特殊天气变化时应进行特殊巡视。

③ 故障巡视。当线路发生跳闸等故障时应进行巡视。

（2）架空线路巡视的主要内容

① 检查线路防护区内有无草堆、木材堆和危及线路安全运行

的树枝，附近有无植树、挖土、土石方爆破开挖工程等，线路附近有无架设电视天线、广播线、电话线、其他电力线等，其相隔距离是否符合规程要求。检查电杆基础有没有被洪水冲刷的危险。

② 检查电杆有无倾斜，基础是否有下沉，水泥电杆的混凝土有无脱落，钢筋有无外漏，杆身有无裂纹，如图 5-45 所示。电杆上有无鸟巢及其他杂物，电杆各部件的连接是否牢固，有无螺钉松动或锈蚀情况。

③ 检查横担有无歪斜、弯曲变形、生锈，陶瓷横担有无破损和裂纹。

④ 检查拉线及其部件是否完好，是否有锈蚀、松弛、断股、抽筋等现象。拉线的连接是否牢固，拉线基础周围是否有挖土行为，拉线棒是否锈蚀，拉线 UT 型线夹的螺钉是否完整、紧固，如图 5-46 所示。检查拉线角度是否符合要求，拉线绝缘子的安装是否符合要求，有无破损，道路两旁的拉线有无被车辆碰撞的危险。

图 5-45　电杆裂纹

图 5-46　拉线棒锈蚀

⑤ 检查导线有无腐蚀、断股、损伤或闪络烧伤的痕迹，导线接头是否完好，是否过多。检查导线的弧垂是否符合要求。检查导线对地面或其他建筑物以及线路交叉跨越的距离是否符合要求，导线在绝缘子上的绑扎是否牢固，绑线是否松动，导线上是否有悬挂物。

⑥ 检查绝缘子有无脏污、闪络烧伤痕迹、裂纹、破损和歪斜，检查绝缘子上的金具、铁脚等有无锈蚀、松动、缺少螺母及开口销

脱落丢失等现象，如图 5-47、图 5-48 所示。

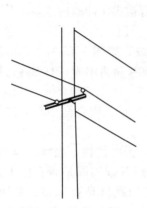

图 5-47　绝缘子破损

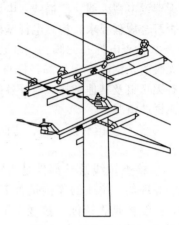

图 5-48　绝缘子金具松动

⑦ 检查线路的防雷接地装置是否良好，有无锈蚀、烧伤情况，接地引下线有无断股、损坏，引下线连接是否牢固。

⑧ 检查线路名称、杆号、变压器台的编号、色标及各种相位标志、警告标志牌等是否完整、清晰、明显。

（3）架空线路巡视的方法和要求

单人巡视检查线路时，禁止登杆，以防无人监视造成触电。巡视时如发现导线断落或悬吊空中，应设法防止行人靠近断线地点 8～10m 以内，以防跨步电压触电，同时应及时向有关部门汇报，等候处理。

在巡视检查线路时，一定要逐杆进行，不遗漏任何元件。对检查中发现的缺陷，应详细做好记录，能立即处理的缺陷，特别是威胁安全运行的缺陷，要尽早处理或采取临时补救措施。

线路检查的方法，一般可采用三点观察法，即巡线人员站在电杆周围，从三个不同角度对电杆上的每一个元件进行检查。在检查时，人要背着阳光，眼睛顺着阳光方向去检查。每检查三四根电杆后，要回过头来，站在电杆底下，检查电杆有无倾斜。

线路除进行定期检查外，在天气剧烈变化（如大风、大雷雨、大雾、大雪、冰雹等）和洪水泛滥、线路周围着火以及用电高峰季节时，应对线路进行特殊巡视，以便及时发现线路的异常现象及零部件的损坏变形。在大风天气下巡视时，要站在线路的上风侧。

当线路发生跳闸后，应立即进行巡视，尽快查明故障地点和原因，及时处理和恢复送电。在事故巡视时，应始终认为线路带电，即使明知该线路已停电，也应认为线路随时有恢复送电的可能。所以，在未采取安全措施之前，不允许登杆抢修。

（4）架空线路巡视注意事项

① 正常巡视架空线路时的注意事项

a. 走路时扎脚。在进行线路巡视时，严禁光脚、穿凉鞋和便装鞋，应按要求穿合格的电工专用绝缘鞋。

b. 被狗咬伤。当进入村庄进行线路巡视时，在可能有狗的地方要先大声喊叫试探，做好防止被狗咬伤的防范措施。

c. 被蛇咬伤。在进入草丛、树木密集地带进行线路巡视时，应带一根较长的大棍或树枝条，边走边敲打草丛和树木，惊动蛇，避免被蛇咬伤。

d. 当心摔伤。在雨后或遇到泥泞的道路时，要当心路滑、摔伤，应慢慢行走，加倍小心，在过沟、山崖、墙坝等障碍物时，要特别小心，谨防摔倒。

e. 被马蜂蜇伤。特别是在夏秋季进行线路巡视时，要注意不要被马蜂蜇伤，发现马蜂窝时，不要靠近，更不能触碰。

f. 从高空坠落。在单人巡视时，禁止攀登电杆、铁塔和变台等。

g. 溺水伤亡。在线路巡视工作中任何人不得穿过不知深浅、不知底细的水域和薄冰。

h. 巡视中走失。在夜间、暑天和大雪天（特别是偏僻山区）巡视必须由两人进行；夜间巡视时，巡视人员应配备有效的照明工具。

② 故障巡视架空电力线路时的注意事项

a. 架空电力线路事故巡视应始终认为线路有电，即使明知该线路已停电，亦认为线路随时有恢复送电的可能。

b. 巡视的过程中，若发现导线断落地面或悬吊空中，应设法防止行人靠近断线点 8mm 以内，并迅速报告上级领导，等候处理。

c. 进行巡视线路时，应沿线路的外侧行走，大风时，应沿线路的上风侧行走，以防发生意外。

d. 需要登杆时，应在有监护人的情况下进行，并要先验电；安全帽、安全带等防护用品佩戴齐全。与带电导体要保持足够的安全距离。

（5）架空配电线路的缺陷分类

架空配电线路的缺陷按其严重程度，可分为一般缺陷、重大缺陷和紧急缺陷。

① 一般缺陷。一般缺陷是指对设备近期运行影响不大的设备缺陷，一般可列入季度或年度检修计划中予以处理。例如轻微的部件锈蚀、轻微的电杆裂纹等近期不会影响安全运行的缺陷。

② 重大缺陷。重大缺陷是指设备在短期内能坚持安全运行，但必须在处理前加强监视的设备缺陷。重大缺陷已经发现，必须由主管线路运行部门的技术人员、专责人员进行复查鉴定，并提出具体的修复方案和期限。

③ 紧急缺陷。紧急缺陷是指严重影响安全运行，设备缺陷程度随时都可能导致线路出现事故的缺陷。紧急缺陷已经发现，必须尽快予以解决或采取有效补救措施。巡线工发现紧急缺陷后，应立即向主管部门汇报，并采取安全措施，如停电等，主管部门及线路专责人接到汇报后，应立即通知值班调度人员，组织人力采取措施尽快进行处理。

（6）架空线路的缺陷管理

① 缺陷的记录与整理。对缺陷的管理首先要做好记录。发现缺陷后，要及时做好记录，这样不仅可以通过各条线路情况的技术档案了解其运行状况并采取相应措施，还可以通过查阅缺陷记录了解缺陷从发现、发展直到发生故障的过程，从中找出设备恶化的规律，另外还可以利用缺陷记录作为历史资料进行事故分析，分清各级责任。

其次，要做好缺陷记录的整理工作。巡线工在巡线时，由于受现场条件限制，进行记录时往往采用各自的习惯方式记录，难免出现凌乱、不整齐等情况，因此需要对其进行必要的整理，作进一步的汇总。有时对一条线路的巡视，是派出多人进行的，更有必要将多人所记录的缺陷记录进行汇合整理，以便形成合格的资料。

② 缺陷的分级管理。缺陷的存在是线路安全运行的隐患，确保线路的安全运行，应把消除隐患当作重要工作对待。线路的缺陷分级管理一般分为：

a. 一般缺陷。由巡线工填写缺陷记录，待合适时机由检修人员进行检修。

b. 重大缺陷。在巡线工报告后，线路主管部门及有关人员对现场进行复核和鉴定，提出具体方案，待上级部门批准后实施。

c. 紧急缺陷。应立即向上级生产部门上报，采取安全技术措施后，迅速组织力量进行抢修。

缺陷消除后，应在缺陷记录本上详细记录下缺陷的消除情况，如消缺人、消缺时间等，消除人本人要鉴字。

5.3.2 架空线路的维护与检修

（1）恢复性检修内容

① 电杆的检修内容

a. 对全部线路进行一次登杆检查、清扫。

b. 扶正倾斜的电杆，对电杆基础进行填土夯实，特别要加固位于水田或土质松软地带的电杆基础。

c. 修补有裂纹、露钢筋的水泥电杆。

d. 紧固电杆各部分的连接螺母。

② 导线的检修内容

a. 调整导线的弧垂。

b. 修补或更换受损伤的导线。

c. 调整交叉跨越距离。

d. 处理接触不良的接头和松弛、脱落的绑线。

e. 根据负载的增长情况，更换某些线段或支线的导线。

③ 绝缘子的检修内容

a. 清扫所有的绝缘子。

b. 更换劣质或损坏的绝缘子或瓷横担。

c. 更换损坏或锈蚀严重的金具和其他个别零件。

④ 横担的检修内容

a. 调整歪斜的横担。

b. 紧固各部螺钉。

c. 对锈蚀的横担除锈刷漆。

（2）日常维护的内容

① 修剪或砍伐影响线路安全运行的树木。

② 对基础下沉的电杆进行填土夯实。

③ 修整松弛、受损的拉线，紧固拉线上的 UT 型线夹。

④ 清除电杆上的鸟巢。

⑤ 修补断股、烧伤的导线。

⑥ 修理接户线和进户线。

⑦ 及时拆除停用的临时线路和设备。

⑧ 修理动力及照明线路。

（3）架空线路常见故障

架空线路常见的故障有断路、短路和漏电，其中漏电故障最为多见，其漏电点在多数情况下比较隐蔽，较难查寻。常见的电杆故障有倒杆、断线、断横担等；导线故障有断线、混线、接头脱落等；绝缘子故障有裂纹、破损、污秽等。

（4）架空线路常见故障的预防

① 防污。要在污秽季节到来之前，抓紧对绝缘子进行测试、清扫。

② 防雷。雷雨季节前要做好防雷设备的试验、检查和安装，按期完成接地装置电阻的测试，更换损坏的绝缘子。

③ 防暑度夏。高温季节前，要做好导线弧垂的检查和测量，特别是交叉跨越档的检查，防止因弧垂增大导致混线、对地距离不够而发生事故。对满负载和可能过负载的线路与设备，要加强温度监视与接头的检查。

④ 防寒防冻。在严冬来临前，检查导线弧垂，过紧的要及时调整，防止断线，同时还要观察气候变化，注意导线结冰的发生。

⑤ 防风。风季前，要做好电杆杆基的加固，清除线路近旁杂物，剪除导线两侧过近的树枝，以免碰触导线，造成事故。

⑥ 防汛。雨季前对在河道附近易受冲刷或因挖渠、取土等造成杆基不稳的电杆，要因地采取加固措施（如：培土、打拉线、筑

防水墙等），防止冲刷电杆。

此外还要做好以下工作：加强线路防护的宣传和防护措施；绝缘子表面涂硅油；重点检查导线接头质量；注意做好防鸟害、防车撞、防船桅杆碰线、防风筝等外力的破坏。

（5）架空线路验电注意事项

① 使用高压验电器时必须戴绝缘手套，湿度大的天气还应穿绝缘靴。验电时，应让验电器顶端的感应部分逐渐接近目标，不宜直接接触电气设备或导线，安全距离不应小于 0.3m。

② 必须使用与被测线路设备电压等级相同的、经定期试验并已验证合格的验电器。

③ 验电时必须有专人监护。

④ 验电时必须选择好站立位置，站稳脚跟。

⑤ 同杆架设的多层次电压等级的线路，应先验低压，后验高压；先验下层，后验上层。

（6）线路设备检修作业挂、拆接地线时的注意事项

① 应在现场作业负责人的监护下，由熟练工人操作。

② 线路设备的检修作业，必须先进行验电，以防变电运行人员的误操作或附近小发电机组倒送电的情况发生。

③ 挂、拆接地线时，应使用绝缘棒。

④ 在装有电容的线路设备上挂接地线时，应先对线路设备进行放电。

⑤ 接地线的接地体要合格，要有足够的打入土壤深度，土壤比较干燥的接地点，应有相应的降低土壤电阻率的措施。

⑥ 接地线应使用多股裸软铜线，截面积不应小于 $25mm^2$，并由专用线夹固定在导线上，禁止用缠绕的方法连接。

⑦ 接地线与检修部分之间不应连接有开关或熔断器。

⑧ 线路设备检修部分两侧均应挂接地线。

⑨ 挂接地线时，应先打入接地体，后挂导线或设备；在多回路多层次线路上挂接地线时，应先挂低压，后挂高压；先挂下层，后挂上层。

⑩ 拆接地线时，顺序与挂接地线时相反。

（7）检修架空线路的注意事项

① 检修线路应由乡镇供电所统一组织，指定经考试合格的工作负责人，办理工作票。

② 检修前，应召开班前会，工作负责人应向全体工作人员讲明工作内容、工作范围、工作分工、停电和送电时间，拉合哪些开关和熔断器，挂接地线的位置及负责挂接地线的人员以及检修中应注意的安全事项等。

③ 工作开始前，必须经工作负责人许可后，工作人员才可以登杆工作。

④ 杆上有人工作时，杆下应有人监护。

⑤ 工作结束后，应在工作人员全部从杆上撤下，并拆除所有接地线，由工作负责人进行全面检验核对无误且无任何问题后，方可合闸送电。

⑥ 检修低压线路也必须停电并办理低压工作票，一般应由工作负责人亲自拉开低压线路负载开关，并取下熔丝管，然后挂上"禁止合闸，线路有人工作"的标示牌，并用锁把负载开关箱或配电室的门锁好，保管好钥匙；在无法上锁的地方，拉闸后除挂上"禁止合闸，线路有人工作"的标示牌以外，还要派专人看守，以防他人合闸送电。

工作前，要派专人用验电笔验明确无电压后，立即在工作地段两端装设好接地线。挂接地线时，应先把接地棒打入地中，然后把三相短路接地线挂在导线上。拆除接地线时，顺序与此相反。

⑦ 上杆前要检查脚扣、安全带等工具是否完整牢靠，否则严禁使用，以免发生事故。在电杆上工作必须使用安全带，安全带要系在电杆上，注意防止安全带从杆顶脱出，系好安全带后应检查扣环是否扣牢。杆上作业时应始终系好安全带。

⑧ 使用梯子时，下面要有人扶持或绑牢。

⑨ 若进行导线拆除工作，在放导线前，应检查杆根、拉线是否牢固，若不够牢固应加设临时拉绳加固，进行松导线时应用绳子拴好导线，一根一根慢慢地松，严禁采用突然剪断导线的做法松线，以防造成倒杆及人身危险事故。

⑩ 现场工作人员应戴安全帽，杆上人员不得往杆下扔东西，上下传递材料、工具等时，要使用绳索和工具袋。

（8）线路检修应注意的安全事项

① 严禁不持工作票进行作业。

② 严禁不按操作票进行操作。

③ 严禁在作业区不装设封闭接地线作业。

④ 严禁不拉开跌落开关带电上台架进行作业。

⑤ 严禁在无人监护的情况下进行操作与作业。

⑥ 严禁任何形式的约时停、送电。

第**6**章

⚡ 室内配线与照明安装

6.1 绝缘子（瓷瓶）线路安装

6.1.1 绝缘子定位、画线、凿眼和埋设紧固件

（1）定位

按施工图确定灯具、开关、插座和配电箱等设备的位置，然后再确定导线的敷设位置，穿过楼板的位置及起始、转角、终端夹板的固定位置，最后确定中间夹板的位置。在开关、插座和灯具附近约50mm处，都应安装一副夹板。

（2）画线

用粉线袋画出导线敷设的路径，再用铅笔或粉笔画出瓷夹位置。当采用1～2.5mm^{2}截面积的导线时，瓷夹板间距为600mm；采用4～10mm^{2}截面积的导线时，瓷夹板间距为800mm。然后在每个开关、灯具和插座等固定点的中心处画一个"×"号，如图6-1所示。

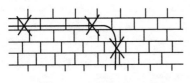

图6-1 位置的确定和画线

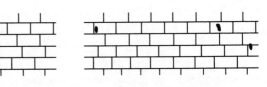

图6-2 用电钻凿眼

（3）凿眼

按画线的定位点凿眼。在砖墙上凿眼，可采用小钢扁凿或电钻（钻头采用特种合金钢），如图 6-2 所示。孔眼要外小内大，孔深按实际需要而定；在混凝土墙上凿眼可采用麻线凿或冲击钻，边敲边转动麻线凿。

（4）安装木榫或其他紧固件

在孔眼中洒水淋湿，然后埋设木榫或缠有铁丝的木螺钉，木榫有矩形和正八边形两种。安装时注意校正敲实，松紧适度，如图 6-3 所示。

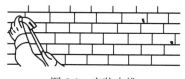

图 6-3　安装木榫

（5）埋设穿墙保护瓷管或钢管

瓷管预埋可先用竹管或塑料管代替，当拆除模板刮糙后，再将竹管取出换上瓷管，塑料管可以代替瓷管使用，直接埋入混凝土构造中即可。

6.1.2　绝缘子线路的安装

（1）绝缘子的固定方法

① 砖墙结构上固定绝缘子，可用木榫或缠有铁丝的木螺钉固定，如图 6-4 所示。

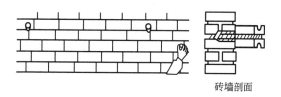

砖墙剖面

图 6-4　绝缘子在砖墙结构上固定的方法

② 木结构上固定绝缘子，可用木螺钉直接旋入，如图 6-5 所示。

（2）绝缘子的安装方法

① 导线交叉敷设时穿入绝缘管或缠绝缘带保护，方法如图 6-6(a)所示。

② 如果导线在不同平面转弯，则应在凸角的两面上各装设一个绝缘子，如图 6-6(b) 所示。

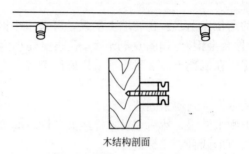

木结构剖面

图 6-5　绝缘子在木结构上固定的方法

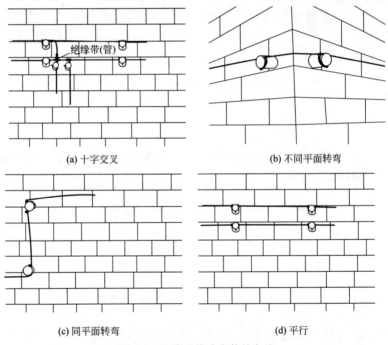

绝缘带(管)

(a) 十字交叉

(b) 不同平面转弯

(c) 同平面转弯

(d) 平行

图 6-6　绝缘子线路安装的方法

　　③ 如果导线在同一平面内转弯，则应将绝缘子敷设在导线转弯拐角的内侧，如图 6-6(c) 所示。

　　④ 平行的两根导线，应位于两绝缘子的同一侧或位于两绝缘子的外侧，而不应位于两绝缘子的内侧，如图 6-6(d) 所示。

6.1.3 导线安装

（1）导线的敷设

导线敷设前先将导线拉直，然后按一定的顺序和方法进行，导线的布放一般有放线架放线和手工放线两种方法。

① 放线架放线　通常用于较粗导线的布放。放线时，将成盘导线架在放线架上，一人拉着线头顺线路方向前进，线盘受力牵动线架转动，将导线放直。

② 手工放线　通常用于线路较短或较细导线的放线。放线时，将线盘套在胳膊上，把线头固定在线路起点的固定物上，放线人顺线路方向前进，用一只手将导线正着放 3 圈，然后把线盘反过来再放 3 圈，反复进行就可将导线平直地放开。

（2）导线绑扎

① 导线绑扎方法　先将一端的导线绑扎在绝缘子的颈部，如果导线弯曲，应事先调直，然后将导线的另一端也绑扎在绝缘子的颈部，最后把中间导线也绑扎在绝缘子的颈部。

② 终端导线的绑扎　导线的终端可绑回头线，绑扎线宜用绝缘线，如图 6-7 所示，绑扎线的线径和绑扎卷数如表 6-1 所示。步骤为：

a. 将导线余端从绝缘子的颈部绕回来。

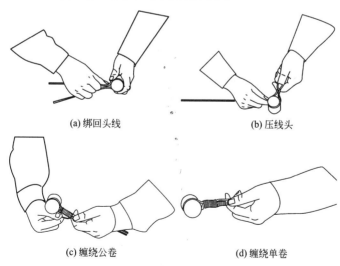

(a) 绑回头线　　　　　　　　　(b) 压线头

(c) 缠绕公卷　　　　　　　　　(d) 缠绕单卷

图 6-7　终端导线的绑扎

b. 将绑线的短头扳回压在两导线中间。

c. 手持绑线长线头在导线上缠绕 10 圈。

d. 分开导线余端，留下绑线短头，继续缠绕绑线 5 圈，剪断绑线余端。

表 6-1　绑扎线直径和绑扎卷数的选择

导线截面积 /mm²	绑线直径/mm			绑线卷数	
	砂包铁芯线	铜芯线	铝芯线	公卷数	单卷数
1.5～10	0.8	1.0	2.0	10	5
10～35	0.89	1.4	2.0	12	5
50～70	1.2	2.0	2.6	16	5
95～120	1.24	2.6	3.0	20	5

③ 直线段导线绑扎的方法　鼓形瓷瓶和蝶形瓷瓶配线的直线绑扎方法，可根据绑扎导线的截面积大小来决定。导线截面积在 6mm² 以下的采用单花绑法，导线截面积在 10mm² 以上的采用双花绑法。

④ 单花绑法步骤（图 6-8）

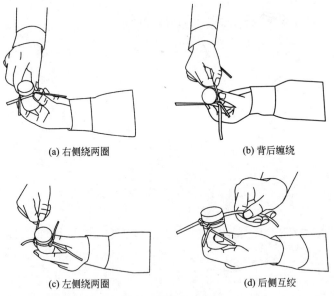

(a) 右侧绕两圈　　　　　　　　　　(b) 背后缠绕

(c) 左侧绕两圈　　　　　　　　　　(d) 后侧互绞

图 6-8　单花绑法步骤

a. 绑线长头在右侧缠绕导线两圈。

b. 绑线长头从绝缘子颈部后侧绕到左侧。

c. 绑线长头在左侧缠绕导线两圈。

d. 长短绑线从后侧中间部位互绞两圈，剪掉余端。

⑤ 双花绑法步骤（图 6-9）

a. 绑线在绝缘子右侧上边开始缠绕导线两圈。

b. 绑线从绝缘子前边压住导线绕到左上侧。

c. 绑线从绝缘子后侧绕回右上侧，再压住导线回到左下侧。

d. 绑线在绝缘子左侧缠绕导线两圈。绑线两头从后侧中间部位互绞两圈，剪掉余端。

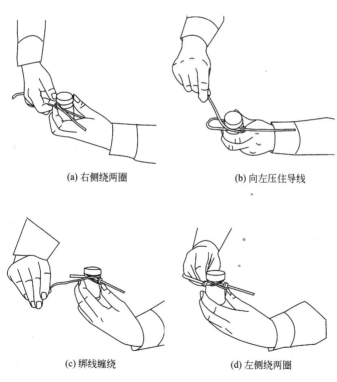

(a) 右侧绕两圈　　　　　　(b) 向左压住导线

(c) 绑线缠绕　　　　　　(d) 左侧绕两圈

图 6-9　双花绑法步骤

6.2 护套线配线

6.2.1 弹线定位

（1）导线定位

根据设计图纸要求，按线路的走向，找好水平和垂直线，用粉线沿建筑物表面由始端至终端画出线路的中心线，同时标明照明器具及穿墙套管和导线分支点的位置，以及接近电气器具旁的支持点和线路转弯处导线支持点的位置，如图 6-10 所示。

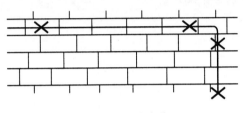

图 6-10　导线定位

（2）支持点定位

塑料护套线的支持点的位置，应根据电气器具的位置及导线截面积大小来确定。塑料护套线配线在终端、转弯中点、电气器具或接线盒边缘的距离为 50～100mm 处；直线部位导线中间平均分布距离为 150～200mm 处；两根护套线敷设遇有十字交叉时交叉口处的四方 50～100mm 处，都应有固定点。护套线配线各固定点的位置如图 6-11 所示。

6.2.2　敷设导线

（1）固定导线

① 铝线卡固定（图 6-12）

a. 用电锤在画线部位打孔，装入木榫或塑料胀夹，然后用自攻螺钉将铝线卡固定。

b. 将导线置于线卡钉位的中心，一只手顶住支持点附近的护套线，另一只手将铝线卡头扳回。

c. 铝线卡头穿过尾部孔洞，顺势将尾部下压紧贴护套线。

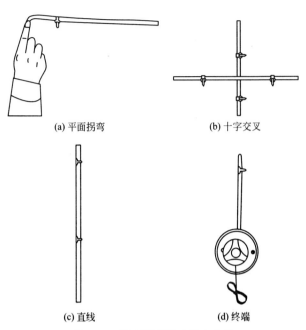

(a) 平面拐弯   (b) 十字交叉

(c) 直线   (d) 终端

图 6-11 护套线配线支持点定位

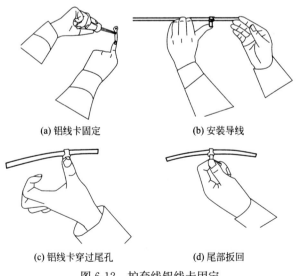

(a) 铝线卡固定   (b) 安装导线

(c) 铝线卡穿过尾孔   (d) 尾部扳回

图 6-12 护套线铝线卡固定

d. 将铝线卡头部扳回，紧贴护套线。应注意每夹持 4～5 个支持点，应进行一次检查。如果发现偏斜，可用小锤轻轻敲击突出的线卡予以纠正。

② 铁片夹持（图 6-13）

a. 导线安装可参照铝线夹进行，导线放好后，用手先把铁片两头扳回，靠紧护套线。

b. 用钳子捏住铁片两端头，向下压紧护套线。

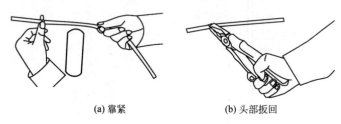

(a) 靠紧   (b) 头部扳回

图 6-13　护套线铁片夹持

（2）塑料护套线敷设

① 放线

a. 放线需要两人合作，一人把整盘导线按图 6-14 所示的方法套入双手中，顺势转动线圈，另一人将外圈线头向前拉。放出的护套线不可在地上拖拉，以免磨损、擦破或沾污护套层。

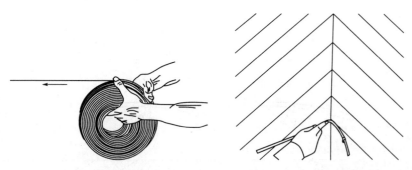

图 6-14　护套线放线方法   图 6-15　不同平面内的弯曲

b. 导线放完后先放在地上，量好敷设长度并留出适当余量后预先剪断。如果是较短的分段线路，可按所需长度剪断，然后重新盘成较大的圈径，套在肩上随敷随放。

c. 塑料护套线如果被弄乱或出现扭弯，要设法在敷设前校直。校线时要两人同时进行，每人握住导线的一端，用力在平坦的地面上甩直。

d. 在冬季敷设护套线时如果温度低于－15℃，严禁敷设护套线，防止塑料发生脆裂，影响工程质量。

② 弯曲敷设的圆圈

a. 塑料护套线在建筑物同一平面或不同平面上敷设，需要改变方向时，都要进行转弯处理，弯曲后导线必须保持垂直，且弯曲半径不应小于护套线厚度的 3 倍。

b. 护套线在弯曲时，不应损伤线芯的绝缘层和保护层。在不同平面转角弯曲时，敷设固定好一面后，在转角处用拇指按住护套线，弯出需要的弯曲半径，如图 6-15 所示。当护套线在同一平面上弯曲时，用力要均匀，弯曲处应圆滑，应用两手的拇指和食指，同时捏住护套线适当部位两侧的扁平处，由中间向两边逐步将护套线弯出所需要的弯曲弧来，也可用一只手将护套线扁平面按住，另一只手逐步弯曲出弧形来。

6.3 钢索配线

（1）钢索配线的方法与步骤

① 根据设计图纸，在墙、柱或梁等处，埋设支架、抱箍、紧固件以及拉环等物件。

② 根据设计图纸的要求，将一定型号、规格与长度的钢索组装好。

③ 将钢索架设到固定点处，并用花篮螺栓将钢索拉紧，如图 6-16、图 6-17 所示。

④ 将塑料护套线或穿管导线等不同配线方式的导线吊装并固定在钢索上。

⑤ 安装灯具或其他电气器具。

（2）钢索吊装塑料护套线线路的安装

采用铝片线卡将塑料护套线固定在钢索上，使用塑料接线盒与

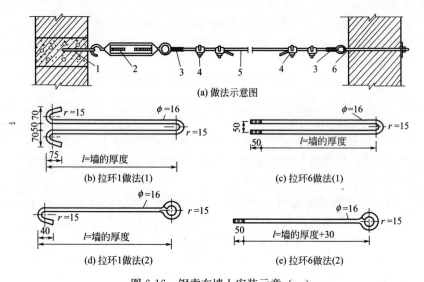

(a) 做法示意图

(b) 拉环1做法(1)

(c) 拉环6做法(1)

(d) 拉环1做法(2)

(e) 拉环6做法(2)

图 6-16 钢索在墙上安装示意（一）

1—终端拉环；2—花篮螺栓；3—钢丝绳扎头；4—索具套环；5—钢索；6—拉环

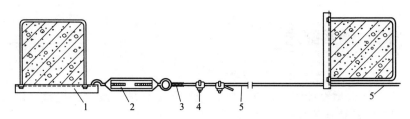

图 6-17 钢索在墙上安装示意（二）

1—槽钢；2—花篮螺栓；3—钢丝绳扎头；4—索具套环；5—钢索

接线盒安装钢板将照明灯具吊装在钢索上，如图 6-18 所示。

钢索吊装塑料护套线布线时，照明灯具一般使用吊链灯，灯具吊链可用螺栓与接线盒固定钢板下端的螺栓连接固定。当采用双链吊链灯时，另一根吊链可用图 6-19 所示的 20mm×1mm 吊卡和 M6×20 螺栓固定。

（3）钢索吊装线管线路的安装

钢索吊装线管线路是采用扁钢吊卡将钢管或硬质塑料管以及灯

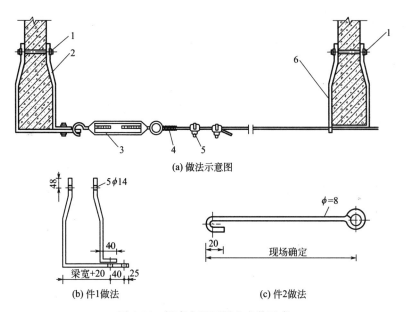

(a) 做法示意图

(b) 件1做法

(c) 件2做法

图 6-18　钢索在屋面梁上安装示意

1—螺栓；2—件 1；3—钢丝绳扎头；4—索具套环；5—钢索；6—件 2

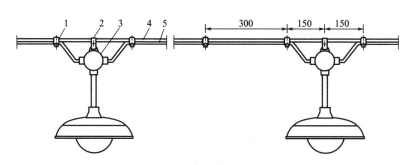

图 6-19　钢索吊装塑料护套线

1—铝片线卡；2—固定夹板；3—塑料接线盒；4—钢索；5—塑料护套线

具吊装在钢索上，并在灯具上装好铸铁吊灯接线盒。

　　钢索吊装线管线路的安装，先按设计要求确定好灯具的位置，测量出每段管子的长度，然后加工。使用的钢管或电线管应先进行校直，然后切断、套螺纹、煨弯。使用硬质塑料管时，要先煨管、切断，为布管的连接做好准备工作。在吊装钢管布管时，应按照先干线后支线的顺序进行，把加工好的管子从始端到终端按顺序连接，管与铸铁接线盒的螺纹应拧牢固。将布管逐段用扁钢吊卡与钢索固定。

扁钢吊卡的安装应垂直，平整牢固，间距均匀，每个灯位接线盒应用两个吊卡固定，钢管上的吊卡距接线盒间的最大距离不应大于 200mm，吊卡之间的间距不应大于 1500mm。

当双管平行吊装时，可将两个管吊卡对接起来进行吊装，管与钢索的中心线应在同一平面上。此时灯位处的铸铁接线盒应吊两个管吊卡与下面的布管吊装。

吊装钢管布线完成后，应做整体的接地保护，管接头两端和接线盒两端的钢管应用适当的圆钢作焊接地线，并应与接线盒焊接。钢索吊装线管配线如图 6-20 所示。

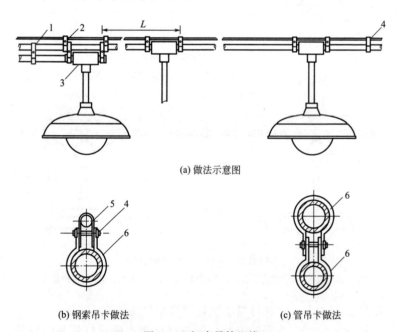

(a) 做法示意图

(b) 钢索吊卡做法　　　　　(c) 管吊卡做法

图 6-20　钢索吊管配线

1—管吊卡；2—钢索吊卡；3—接线盒；4—螺栓；5,6—20mm×1mm 吊卡

注：$L \leqslant 1500$mm（钢管）或 1000mm（塑管）

应该注意的是钢索配线敷设后，若弛度大于 100mm，则会影响美观。此时，应增设中间吊钩（用不小于 8mm 直径的圆钢制成）。中间吊钩固定点间的距离，不应大于 12m。

6.4 导线连接与绝缘恢复

6.4.1 导线的连接

（1）导线连接的质量要求

① 在割开导线的绝缘层时，不应损伤线芯。

② 铜（铝）芯导线的中间连接和分支连接应使用熔焊、线夹、瓷接头或压接法连接。

③ 分支线的连接接头处，干线不应受来自支线的横向拉力。

④ 截面积为 $10mm^2$ 及以下的单股铜芯线、截面积为 $2.5mm^2$ 及以下的多股铜芯线和单股铝芯线与电气器具的端子可直接连接，但多股铜芯线的线芯应先拧紧挂锡后再连接。

⑤ 多股铝芯线和截面积为 $2.5mm^2$ 的多股铜芯线的终端，应焊接或压接端子后再与电气器具的端子连接。

⑥ 使用压接法连接铜（铝）芯导线时，连接管、接线端子、压模的规格应与线芯截面积相符；使用气焊法或电弧焊接法连接铜（铝）芯导线时，焊缝的周围应有凸起呈圆形的加强高度，凸起高度为线芯直径的 $15\% \sim 30\%$，不应有裂缝、夹渣、凹陷、断股及根部未焊接的缺陷。导线焊接后，接头处的残余焊药和焊渣应清除干净。

⑦ 使用锡焊法连接铜芯线时，焊锡应灌得饱满，不应使用酸性焊剂。

⑧ 绝缘导线的中间和分支接头，应用绝缘带包缠均匀、严密，并不低于原有的绝缘强度；在接线端子的端部与导线绝缘层的空隙处应用绝缘带包缠严密。

（2）护套线绝缘层的剥除（图 6-21）

① 将电工刀自两芯线之间切入，剖开外绝缘层。

② 将外绝缘层翻过来切除。

（3）单股导线连接的方法

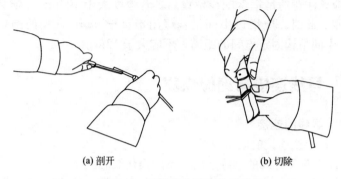

(a) 剖开   (b) 切除

图 6-21   护套线绝缘层的剥除

① 直接连接

a. 绞接法：适用于 $4.0mm^2$ 及以下的单芯线连接。将两线相互交叉，用双手同时把两芯线互绞两圈后，再扳直与连接线成 $90°$，将每个线芯在另一线芯上缠绕 5 圈，剪断余头，如图 6-22 所示。

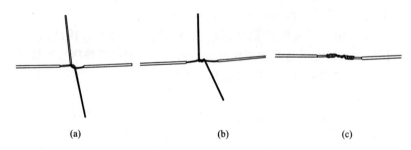

(a)   (b)   (c)

图 6-22   单股铜芯导线的直接绞接法步骤

b. 缠卷法：适用于 $6.0mm^2$ 及以上的单芯线直接连接，有加辅助线和不加辅助线两种。将两线相互并和，加辅助线后，用绑线在并和部位中间向两端缠卷（即公卷），长度为导线直径的 10 倍，然后将两线芯端头折回，在此向外单卷 5 圈，与辅助线捻卷 2 圈，余线剪掉，如图 6-23 所示。

② 分支接法

a. T 字绞接法：适用于 $4.0mm^2$ 以下的单芯线连接。用分支

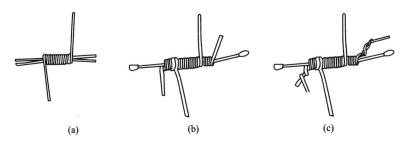

图 6-23 单股铜芯导线的直接缠卷法步骤

的导线的线芯往干线上交叉，先粗卷 1～2 圈（或打结以防松脱），然后再密绕 5 圈，余线剪掉，如图 6-24 所示。

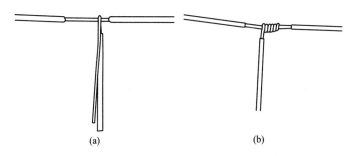

图 6-24 单股铜芯导线的 T 字绞接法步骤

b. T 字缠绕法：适用于 6.0mm² 及以上的单芯线连接。将分支导线折成 90°紧靠干线，先用辅助线在干线上缠 5 圈，然后在另一侧缠绕，公卷长度为导线直接的 10 倍，最后单卷 5 圈后余线剪掉，如图 6-25 所示。

c. 十字绞接法：十字分支连接做法可以参照 T 字绞接法，如图 6-26 所示。

（4）导线在接线盒内的连接

① 两根导线连接时，将连接线端并合，在距绝缘层 15mm 处将线芯捻绞 2 圈以上，留余线适当长度后剪断，将余线折回压紧，防止线端插破所绑扎的绝缘层，如图 6-27 所示。

② 单芯线并接接法：三根及以上导线连接时，将连接线端相

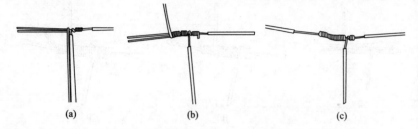

(a)   (b)   (c)

图 6-25　单股铜芯导线的 T 字缠绕法步骤

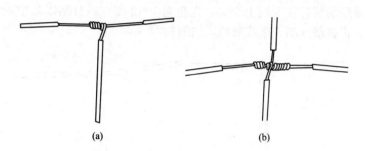

(a)   (b)

图 6-26　单股铜芯导线的十字绞接法步骤

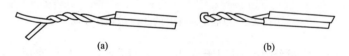

(a)   (b)

图 6-27　盒内两根导线连接步骤

并合，在距离绝缘层 15mm 处用其中一根线芯，在其连接线端缠绕 5 圈后剪断，把余线折回压在缠绕线上，如图 6-28 所示。

(a)   (b)

图 6-28　盒内多根导线连接步骤

③ 绞线并接法：将绞线破开顺直并合拢，用辅助绑线在合拢

线上缠卷，其长度为双根导线直径的 5 倍，如图 6-29 所示。

(a)   (b)

图 6-29　盒内绞线并接步骤

④ 不同直径导线连接法：如果细导线为软线，则应先进行挂锡处理。先将细线压在粗线距离绝缘层 15mm 处交叉，并将线端部向粗线端缠卷 5 圈，然后将粗线端头折回，压在细线上，如图 6-30 所示。

(a)   (b)

图 6-30　盒内不同直径导线连接步骤

（5）线头与针孔式接线柱连接

如单股芯线与接线柱头插线孔大小适宜，则把芯线先按电器进线位置弯制成形，然后将线头插入针孔并旋紧螺钉，如图 6-31 所示。如单股芯线较细，可将芯线线头折成双根，插入针孔再旋紧螺钉。

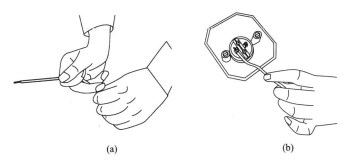

(a)   (b)

图 6-31　线头与针孔式接线柱连接步骤

（6）压接圈的制作

把在离绝缘层根部 1/3 处的芯线向左外折角（多股导线应将离

绝缘层根部约 1/2 长的芯线重新绞紧，越紧越好），如图 6-32（a）所示；然后弯曲圆弧，如图 6-32（b）所示；当圆弧弯曲得将成圆圈（剩下 1/4）时，应将余下的芯线向右外折角，然后使其成圆，捏平余下线端，使两端芯线平行，如图 6-32（c）所示。

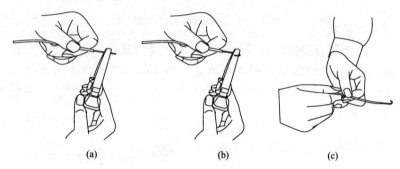

（a）   （b）   （c）

图 6-32　压接圈的制作

6.4.2　导线绝缘恢复

（1）基本要求

① 在包扎绝缘带前，应先检查导线连接处是否有损伤线芯，是否连接紧密，以及是否存有毛刺，如有毛刺必须先修平。

② 缠包绝缘带必须掌握正确的方法，才能达到包扎严密、绝缘良好，否则会因绝缘性能不佳而造成短路或漏电事故。

（2）包扎工艺

① 绝缘带应先从完好的绝缘层上包起，先从一端 1～2 个绝缘带的带幅宽度开始包扎，如图 6-33（a）所示。在包扎过程中应尽可能地收紧绝缘带，包到另一端在绝缘层上包缠 1～2 圈，再进行回缠，如图 6-33（b）、（c）所示。包扎完后如图 6-33（d）所示。

② 用高压绝缘胶布包缠时，应将其拉长 2 倍进行包缠，并注意其清洁，否则无黏性，如图 6-34（a）所示。

③ 采用黏性塑料绝缘布包缠时，应半叠半包缠不少于 2 层。当用黑胶布包扎时，要衔接好，应用黑胶布的黏性使之紧密地封住两端口，并防止连接处线芯氧化。

④ 并接头绝缘包扎时，包缠到端部时应再多缠 1～2 圈，然后由此处折回反缠压在里面，应紧密封住端部，如图 6-34（b）所示。

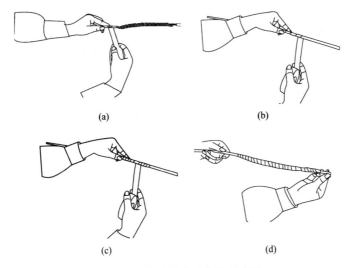

图 6-33　直线接头绝缘恢复步骤

⑤ 还要注意绝缘带的起始端不能露在外部，终了端应再反向包扎 2～3 圈，防止松散。连接线中部应多包扎 1～2 层，使之包扎完的形状呈枣核形，如图 6-34（c）所示。

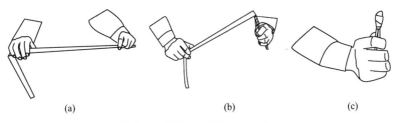

图 6-34　终端接头绝缘恢复步骤

6.5　器具位置确定

6.5.1　跷板（扳把）开关盒位置确定

① 安装暗扳把或跷板及触摸开关盒，一般应在室内距地坪1.3m 处埋设，在门旁时盒边距门框（或洞口）边水平距离应为

180mm。当建筑物与门平行的墙体长度较大时，为了使盒内立管躲开门上方预制过梁，门旁开关盒也可在距门框边 250mm 处设置，但同一工程中位置应一致。开关盒的设置应先考虑门的开启方向，以方便操作，如图 6-35 所示。

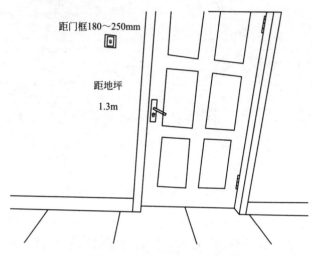

距门框180～250mm

距地坪

1.3m

图 6-35　跷板开关一般位置

② 当门框旁设有混凝土柱时，开关盒与门框边的距离也不应随意改变，应根据柱的宽度及柱与墙的位置关系，将开关设在柱内、外的适当位置上。当门旁混凝土柱的宽度为 240mm 且柱旁有墙时，应将盒设在柱外贴紧柱子处。当柱宽度为 370mm，应将 86 系列（75mm×75mm×60mm）开关盒埋设在柱内距柱旁 180mm 的位置上，当柱旁无墙或柱子与墙平面不在同一直线上时，应将开关盒设在柱内中心位置上，如图 6-36 所示。如果开关盒为 146 系列（135mm×75mm×60mm），就无法埋设在柱内，只能将盒位改设在其他位置上。

③ 当门口处设有装饰贴脸时，盒边距门框边的距离应适当增加贴脸宽度的尺寸，尽量与装饰贴脸协调且美观。

④ 在确定门旁开关盒位置时，除了门的开启方向外，还应考虑与门平行的墙跺的尺寸，最小应有 370mm 时，才能设置 86 系

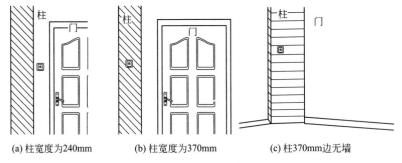

(a) 柱宽度为240mm　　　(b) 柱宽度为370mm　　　(c) 柱370mm边无墙

图 6-36　门关盒位置与门旁混凝土柱的关系

列盒，且应设在墙跺中间处，如图 6-37 所示。设置 146 系列盒时，墙跺的尺寸不应小于 450mm，盒也应设在墙跺中心处，这样位置恰当，看起来也较美观，并能满足规范的要求。如门旁墙跺尺寸大于 700mm，开关盒位就应在距门框边 180mm 处设置。

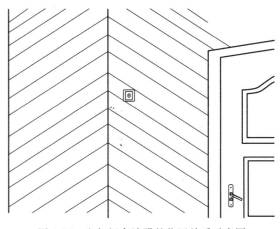

图 6-37　盒与门旁墙跺的位置关系示意图

⑤ 旁边与开启方向相同一侧的墙跺小于 370mm，且有与门垂直的墙体时，应将开关盒设在此墙上，盒边应距与门平行的墙体内侧 250mm，如图 6-38(a) 所示。

⑥ 门开启方向一侧墙体上无法设置盒位，而在门后有与门垂直的墙体时，开关盒应设在距与门垂直的墙体内侧 1m 处，如图

6-38(b) 所示，防止门开启后开关被挡在门后。

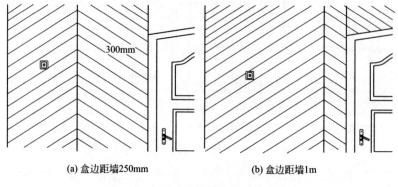

(a) 盒边距墙250mm　　　　　　(b) 盒边距墙1m

图 6-38　门垂直的墙体上的开关盒位置

⑦ 当门后墙体有拐角且长为 1.2m 时，开关盒应设在墙体门开启后的外边，距墙拐角 250mm 处。当此拐角墙长度小于 1.2m 时，开关盒设在拐角另一面的墙上，盒边距离拐角处 250mm，如图 6-39 所示。

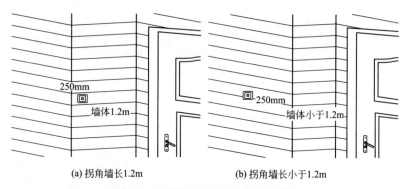

(a) 拐角墙长1.2m　　　　　　(b) 拐角墙长小于1.2m

图 6-39　开关盒在门后拐角上的位置

⑧ 当两门中间墙体宽为 0.37～1.0m，且此墙处设有一个开关位置时，开关盒宜设在墙垛的中心处，如开关偏向一旁时会影响观瞻，开关盒的设置如图 6-40（a）所示。若两门中间墙体超过1.2m，应在两门边分别设置开关盒，盒边距门 180mm，如图 6-40（b）所示。

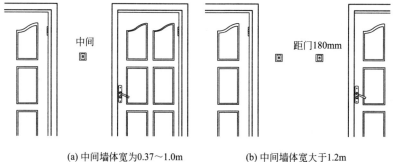

(a) 中间墙体宽为0.37～1.0m   (b) 中间墙体宽大于1.2m

图 6-40　两门中间墙上的开关盒位置

⑨ 壁灯（或起夜灯）的开关盒，应设在灯位盒的正下方，并在同一垂直线上，如图 6-41 所示。

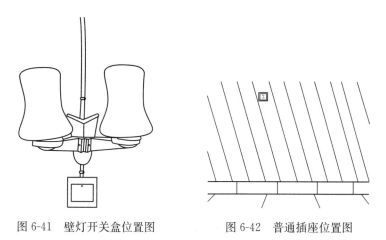

图 6-41　壁灯开关盒位置图　　　　图 6-42　普通插座位置图

⑩ 灯、雨棚灯的开关盒不宜设在外墙上，应设在建筑物的内墙上。

6.5.2　插座盒位置确定

① 插座是线路中最容易发生故障的地方，插座的形式、安装高度及位置，应根据工艺和周围环境及使用功能确定，应保证安全、方便、利于维修。

② 安装插座应使用开关盒，且与插座盖板相配套。

③ 插座盒一般应在距室内地坪 1.3m 处埋设，潮湿场所其安装高度应不低于 1.5m，如图 6-42 所示。

④ 托儿所、幼儿园及小学校、儿童活动场所，应在距室内地坪不低于 1.8m 处埋设。

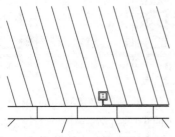

⑤ 在车间及实验室安装插座盒，应在距地坪不低于 300mm 处埋设；特殊场所一般不应低于 150mm，如图 6-43 所示，但应首先考虑好与采暖管的距离。

⑥ 住宅内插座盒距地 1.8m 及以上时，可采用普通型插座；如使用安全插座时，安装高度可为 300mm。

图 6-43 特殊场所的插座位置图

⑦ 住宅 10m² 及以上的居室中，应在最易使用插座的两面墙上各设置一个插座位置；10m² 以下的居室中，可设置一个插座；过厅可设置一个插座位置。

⑧ 为了方便插座的使用，在设置插座盒时应事先考虑好，插座不应被挡在门后，在跷板等开关的垂直上方或拉线开关的垂直下方，不应设置插座盒，插座盒与开关盒的水平距离不宜小于 250mm，如图 6-44 所示。

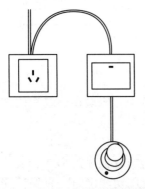

图 6-44 插座与开关位置图

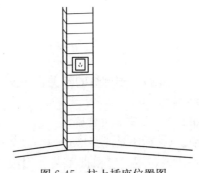

图 6-45 柱上插座位置图

⑨ 为使用安全，插座盒（箱）不应设在水池、水槽（盆）及

散热器的上方，更不能被挡在散热器的背后。

⑩ 插座如设在窗口两侧时，应对照采暖图，将插座盒设在采暖立管相对应的窗口另一侧墙跺上。

⑪ 插座盒不应设在室内墙裙或踢脚板的上皮线上，也不应设在室内最上皮瓷砖的上口线上。

⑫ 插座盒不宜设在宽度小于370mm 的墙跺（或混凝土柱）上。如墙跺或柱宽为370mm，应设在中心处，以求美观大方，如图 6-45 所示。

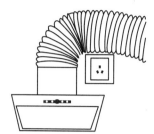

⑬ 住宅楼餐厅内只设计一个插座时，应首先考虑在能放置冰箱的位置处设置插座盒。随着厨用电器的增多，厨房内应设有多个三眼插座盒，装在橱柜上或橱柜对面墙上。

⑭ 住宅厨房内供排油烟机使用的插座盒应设在煤气台板的侧上方，如图 6-46 所示。

图 6-46 排油烟机插座位置图

6.5.3 照明灯具位置确定

① 照明灯具安装位置，要根据房间的用途、室内采光方向以及门的位置和楼板的结构等因素确定。

② 照明灯具安装除板孔穿线和板孔内配管，需在板孔处打洞安装灯具外，其他暗配管施工均需设置灯位盒，即（90mm×90mm×45mm）八角盒。

③ 室外照明灯具在墙上安装时，不可低于 2.5m；室内灯具一般不应低于 2.4m；住宅壁灯（或起夜灯）由于楼层高度的限制，灯具安装高度可适当降低，但不宜低于 2.2m；旅馆床头灯不宜低于 1.5m。灯具柱上安装如图 6-47 所示。

6.5.4 壁灯灯位盒位置确定

① 壁灯灯具的安装高度系指灯具中心对地而言，故在确定灯位盒时，应根据所采用灯具的式样及灯具高度，准确确定灯位盒的预埋高度。

② 壁灯如在柱上安装灯位盒应设在柱中心位置上。

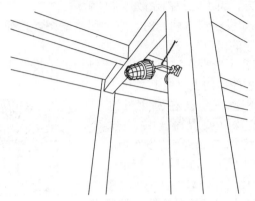

图 6-47　灯具柱上安装照明灯具

③ 壁灯灯位盒在窗间墙上设置时，应预先考虑好采暖立管的位置，防止灯位盒被采暖管挡在后面。

④ 住宅蹲便厕所（卫生间）一般宜设置壁灯，坐便厕所在有条件时也宜设壁灯，其壁灯灯位盒应躲开给、排水管及高位水箱的位置。

⑤ 成排埋设安装壁灯的灯位盒，应在同一直线上，高低位差不应大于 5mm。

6.5.5　楼（屋）面板上灯位盒位置确定

① 楼板上设置照明灯灯位盒，应根据楼板的结构形式及管子敷设的部位确定。

② 现浇混凝土楼板，当室内只有一盏灯时，其灯位盒应设在纵横轴中心的交叉处，如图 6-48 所示。有两盏灯时，灯位盒应设在短轴线中心与长轴线 1/4 的交叉处。

③ 现浇混凝土楼板上设置按几何图形组成的灯位时，灯位盒的位置应相互对称。

④ 预制空心楼板配管管路需沿板缝敷设，特别是同一房间使用不同宽度的楼板时，为了在合理位置上安装管路及灯具，电工要配合安排好楼板的排列次序，以利配管方便和电气装置安装对称。

⑤ 预制空心楼板，室内只有一盏灯时，灯位盒应设在接近屋中心的板缝内。由于楼板宽度的限制，灯位无法在中心时，应设在

略偏向窗户一侧的板缝内。如果室内设有两盏（排）灯时，两灯位之间的距离，应尽量等于墙距离的 2 倍，如图 6-49 所示。如室内有梁时灯位盒距梁侧面的距离，应与距墙的距离相同。

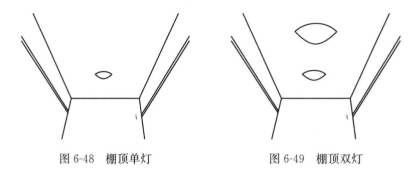

图 6-48　棚顶单灯　　　　　　　图 6-49　棚顶双灯

⑥ 成套（组装）吊链荧光灯灯位盒埋设，应先考虑好灯具吊链开档的距离；安装简易荧光灯的两个灯位盒中心距离应符合下列要求：

a. 20W 荧光灯为 600mm；

b. 30W 荧光灯为 900mm；

c. 40W 荧光灯为 1200mm。

⑦ 楼（屋）面板上设置三个及以上成排灯位盒时，应沿灯位盒中心处拉通线定灯位，成排的灯位盒应在同一条直线上，偏差不应大于 5mm。

⑧ 公共建筑走廊照明灯，应按其顶部建筑结构不同来合理地布置灯位盒的位置，当走廊顶部无凸出楼板下部的梁时，除考虑好楼梯对应处的灯位盒外，其他灯位盒宜均匀分布；如有凸出楼板下部的梁，确定灯位盒时，应考虑到灯位盒与梁的位置关系，灯位盒与梁之间的距离应协调，均匀一致，力求实用美观。

⑨ 住宅楼厨房灯位盒，应设在厨房间本体的中心处；厕所（卫生间）吸顶灯灯位盒一般不宜设在其本体的中心处，应配合给排水、暖卫专业，确定适当位置，但应在窄面的中心处，其灯位盒及配管距预留孔边缘不应小于 200mm，防止管道预留孔不正而扩孔时，破坏电气管、盒。

6.5.6　中间接线盒位置确定

①　管路敷设应尽量减少中间接线盒，只有在管路较长或有弯曲时（管入盒处弯曲除外），才允许加装接线盒或放大管径。

②　管路水平敷设时，接线点之间距离应符合下列要求：

a. 无弯管路，不超过 30m；

b. 两个接线点之间有一个弯时，不超过 20m；

c. 两个接线点之间有两个弯时，不超过 15m；

d. 两个接线点之间有三个弯时，不超过 8m；

e. 暗配管两个接线点之间不允许出现 4 个弯。

③　管路垂直敷设时，距离要符合下列要求：

a. 无弯管路，不超过 30m；

b. 导线截面积 50mm^2 以下为 30m；

c. 导线截面积 70～95mm^2 为 20m；

d. 导线截面积 120～240mm^2 为 18m。

④　管路的弯曲角度，规定为 90°～105°；当弯曲角度大于此值时，每两个 120°～150°弯折算为一个弯曲角度；管进盒处的弯曲不应按弯计算。

6.6　照明安装

6.6.1　开关和插座安装

（1）木台（塑料台）安装

①　木台与照明装置的配置要适当，不宜过大，一般情况下木台应比灯具法兰或吊线盒、平灯座的直径或长、宽大 40mm。

②　安装木台前，应先用电钻将木台的出线孔钻好；木台钻孔时，两孔不宜顺木纹。

③　固定直径 100mm 及以上的木（塑料）台的螺钉不能少于两根；木（塑料）台直径在 75mm 及以下时，可用一个螺钉固定。木（塑料）台安装应牢固，紧贴建筑物表面无缝隙。安装木（塑料）台时，不能把导线压在木（塑料）台的边缘上。

④　混凝土屋面暗配线路，灯具木（塑料）台应固定在灯位盒的缩口盖上。安装在铁制灯位盒上的木（塑料）台，应用机械螺栓

固定，如图 6-50（a）所示。

⑤ 混凝土屋面明配线路，应预埋木砖或打洞，使用木螺钉或塑料胀管固定木（塑料）台，如图 6-50（b）所示。

⑥ 在木梁或木结构的顶棚上，可用木螺钉直接把木（塑料）台拧在木头上。较重的灯具必须固定在楞木上，如不在楞木位置，必须在顶棚内加固。

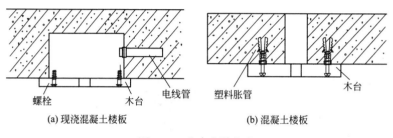

(a) 现浇混凝土楼板　　　　　　　　　　(b) 混凝土楼板

图 6-50　木台安装方法

⑦ 塑料护套线直敷配线的木（塑料）台，按护套线的粗度挖槽，将护套线压在木（塑料）台下面，在木（塑料）台内不得剥去护套绝缘层。

⑧ 潮湿场所除要安装防水、防潮灯外，还要在木台与建筑物表面安装橡胶垫，橡胶垫的出线孔不应挖大孔。应一线一孔，孔径与线径相吻合，木台四周应刷一道防水漆，再刷两道白漆，以保持木质干燥。

（2）拉线开关安装

① 明配线安装拉线开关，应先固定好木（塑料）台，拧下拉线开关盖，把两个线头分别穿入开关底座的两个穿线孔内，用两个直径小于等于 20mm 的木螺钉将开关底座固定在木（塑料）台上，把导线分别接到接线柱上，然后拧上开关盖，如图 6-51 所示。注意拉线口应垂直朝下不使拉线口发生摩擦，防止拉线磨损断裂。

② 暗配线安装拉线开关，可以装设在暗配管的八角盒上，先将拉线开关与木（塑料）台固定好，在现场一并接线及固定。

③ 多个拉线开关并装时，应使用长方形木台，拉线开关相邻间距不应小于 20mm。

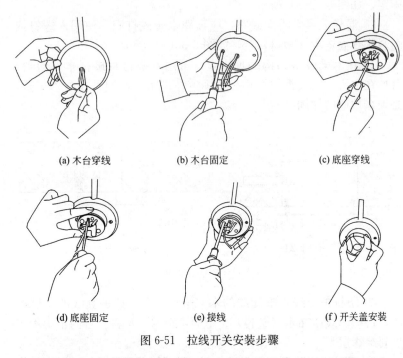

(a) 木台穿线　　　　　(b) 木台固定　　　　　(c) 底座穿线

(d) 底座固定　　　　　(e) 接线　　　　　(f) 开关盖安装

图 6-51　拉线开关安装步骤

④ 安装在室外或室内潮湿场所的拉线开关，应使用瓷质防水拉线开关。

（3）跷板开关安装

① 暗装跷板开关可以直接固定在八角盒上，如图 6-52 所示。

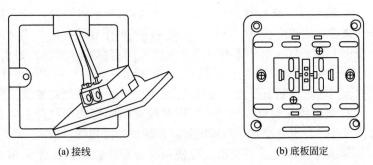

(a) 接线　　　　　　　　(b) 底板固定

图 6-52　跷板开关暗装步骤

② 明装跷板开关可以使用明装八角盒，如图 6-53 所示。

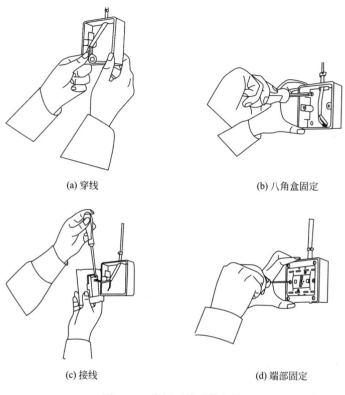

(a) 穿线　　　　　　　　　　　　(b) 八角盒固定

(c) 接线　　　　　　　　　　　　(d) 端部固定

图 6-53　跷板开关明装步骤

③ 双联以上的跷板开关接线时，电源线应并接好分别接到与动触点相连通的接线柱上，把开关线柱接在静触点线柱上。如果采用不断线连接，管内穿线时，盒内应留有足够长度的导线，开关接线后两开关之间的导线长度不应小于 150mm，且在线芯与接线柱的连接处不应损伤线芯。

④ 跷板开关无论是明装还是暗装，均不允许横装，即不允许使手柄处于左右活动位置，因为这样安装容易因衣物勾拉而发生开关误动作。

（4）插座安装

① 插座安装前与土建施工的配合以及对电气管、盒的检查清理工作应同开关安装同时进行。暗装插座应有专用盒，严禁无盒安装，暗装步骤如图 6-54 所示。

(a) 接线　　　　　　　(b) 底板固定　　　　　　(c) 面板安装

图 6-54　插座暗装步骤

② 条件有限时可以用一块木板锯出豁口，将插座固定在木板上，如图 6-55 所示。

③ 插座是长期带电的电器，是线路中最易发生故障的地方，插座的接线孔都有一定的排列位置，不能接错，尤其是单相带保护接地的三孔插座，一旦接错，就容易发生触电伤亡事故。插座接线时，应仔细辨认识别盒内分色导线，正确地与插座进行连接。面对插座，单相双孔插座应水平排列，右孔接相线，左孔接中性线；单相三孔插座，上孔接保护地线（PEN），右孔接相线，左孔接中性线；三相四孔插座，保护接地（PEN）应在正上方，下孔从左侧分别接 L_1、L_2、L_3 相线。同样用途的三相插座，相序应排列一致。

④ 插座面板的安装不应倾斜，面板四周应紧贴建筑物表面，无缝隙、孔洞。面板安装后表面应清洁。

⑤ 埋地时还可埋设塑料地面出线盒，但盒口调整后应与地面相平，立管应垂直于地面。

⑥ 暗装插座应有专用盒，严禁开关无盒安装。开关周围抹灰处应尺寸正确、阳角方正、边缘整齐、光滑。墙面裱糊工程在开关盒处应交接紧密、无缝隙。装饰面板（砖）镶贴时，开关盒处应用整砖套割吻合，不准用非整砖拼凑镶贴，如图 6-56 所示。

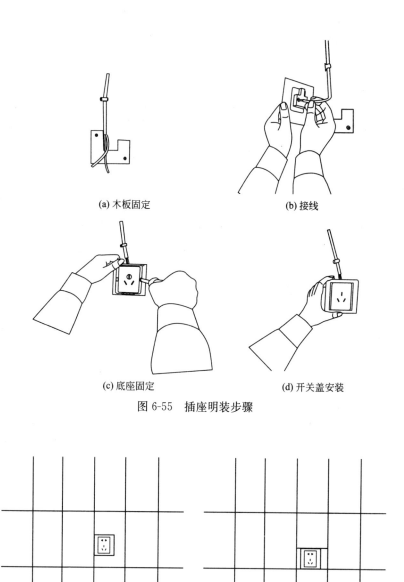

(a) 木板固定

(b) 接线

(c) 底座固定

(d) 开关盖安装

图 6-55　插座明装步骤

(a) 正确

(b) 不正确

图 6-56　开关镶贴方法

6.6.2 灯具吊装

（1）软线吊灯安装

① 软线加工　截取所需长度（一般为 2m）的塑料软线，两端剥出线芯拧紧（或制成羊眼圈状）挂锡。

② 灯具组装　拧下吊灯座和吊线盒盖，把软线分别穿过灯座和吊线盒盖的孔洞，然后打好保险扣，防止灯座和吊线盒螺钉承受拉力。将软线的一端与灯座的两个接线柱分别连接，并拧好灯座螺口及中心触点的固定螺钉，防止松动，最后将灯座盖拧好。

③ 灯具安装　把灯位盒内导线由木台穿线孔穿入吊线盒内，分别与底座穿线孔临近的接线柱连接，用木螺钉把吊线盒固定在木（塑料）台上。然后将另一端与吊线盒的临近隔脊的两个接线柱分别相连接，注意把零线接在与灯座螺口触点相连接的接线柱上，如图 6-57 所示。

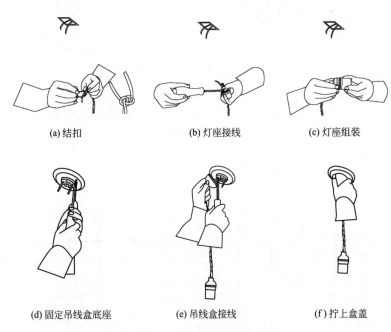

(a) 结扣　　　　　　(b) 灯座接线　　　　　　(c) 灯座组装

(d) 固定吊线盒底座　　　(e) 吊线盒接线　　　　(f) 拧上盒盖

图 6-57　软线吊灯的安装步骤

（2）吊杆灯安装

① 暗装时先固定木台，然后把灯具用木螺钉固定在木台上，也可以把灯具吊杆与木台固定后再一并安装。超过 3kg 的灯具，吊杆应挂在预埋的吊钩上。灯具固定牢固后再拧好法兰顶丝，应使法兰在木台中心，偏差不应大于 2mm，安装好后吊杆应垂直。

② 明装时先根据灯位位置安装胀夹或木榫，软线加工后一端穿入吊杆内，由法兰（导线露出管口长度不应小于 150mm）管口穿出。将上法兰固定在胀夹上，接线后安装护罩，如图 6-58 所示。

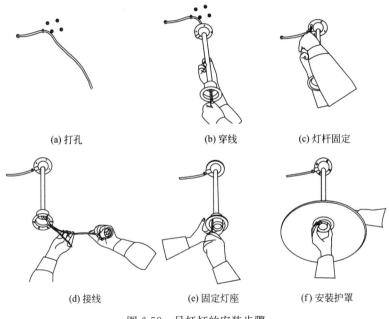

(a) 打孔   (b) 穿线   (c) 灯杆固定

(d) 接线   (e) 固定灯座   (f) 安装护罩

图 6-58　吊杆灯的安装步骤

（3）简易吊链式荧光灯安装

① 软线加工　根据不同需要截取不同长度的塑料软线，各连接线端均应挂锡。

② 灯具组装　把两个吊线盒分别与木台固定（或固定在吊棚上），将吊链与吊环安装为一体，并将吊链上端与吊线盒盖用 U 形铁丝挂牢，将软线分别与吊线盒内的镇流器和启辉器接线柱连

接好。

③ 灯具安装　把电源相线接在吊线盒接线柱上，把零线接在吊线盒另一接线柱上，然后把木台固定到接线盒上。

④ 安装卡牢荧光灯管后，进行引脚接线，宜把启辉器与双金属片相连的接线柱接在与镇流器相连的一侧灯脚上，另一接线柱接在与零线相连的一侧灯脚上，这样接线可以迅速点燃并可延长灯管寿命，如图 6-59 所示。

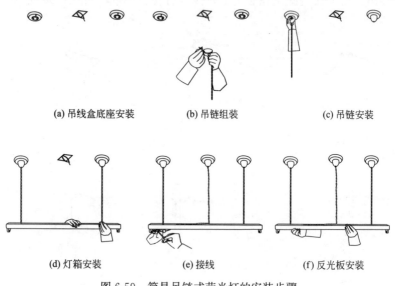

(a) 吊线盒底座安装　　　(b) 吊链组装　　　(c) 吊链安装

(d) 灯箱安装　　　(e) 接线　　　(f) 反光板安装

图 6-59　简易吊链式荧光灯的安装步骤

6.6.3　壁灯的安装

① 采用梯形木砖固定壁灯灯具时，木砖须随墙砌入，禁止采用木楔代替。

② 如果壁灯安装在柱上，将木台固定在预埋柱内的木砖或螺栓上，也可打眼用膨胀螺栓固定灯具木台。

③ 安装壁灯如需要设置木台时，应根据灯具底座的外形选择或制作合适的木台，把灯具底座摆放在上面，四周留出的余量要对称，确定好出线孔和安装孔位置，再用电钻在木台上钻孔。当安装壁灯数量较多时，可按底座形状及出线孔和安装孔的位置，预先做

一个样板，集中在木台上定好眼位，再统一钻孔。

④ 安装木台时，应将灯具导线一线一孔由木台出线孔引出，在灯位盒内与电源线相连接，将接头处理好后塞入灯位盒内，把木台对正灯位盒将其固定牢固，并使木台不歪斜，紧贴建筑物表面，再将灯具底座用木螺钉直接固定在木台上，如图 6-60 所示。

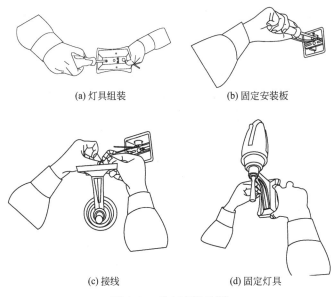

(a) 灯具组装   (b) 固定安装板

(c) 接线   (d) 固定灯具

图 6-60　壁灯安装步骤

⑤ 如果灯具底座固定方式是钥匙孔式，则需在木台适当位置上先拧好木螺钉，螺钉头部留出木台的长度应适当，防止灯具松动。

⑥ 同一工程中成排安装的壁灯，安装高度应一致，高低差不应大于 5mm。

6.6.4　灯具吸顶安装

（1）普通吸顶灯的安装

① 安装有木台的吸顶灯，在确定好的灯位处，应先将导线由木台的出线孔穿出，再根据结构的不同，采用不同的方法安装。木台固定好后，将灯具底板与木台进行固定。当灯泡与木台接近时，

要在灯泡与木台之间铺垫 3mm 厚的石棉板或石棉布隔热。

② 质量超过 3kg 的吸顶灯，应把灯具或木台直接固定在预埋螺栓上，或用膨胀螺栓固定。

③ 当建筑物顶棚表面平整度较差时，可以不使用木台，而使用空心木台，使木台四周与建筑物顶棚接触，易达到灯具紧贴建筑物表面无缝隙的标准。

④ 在灯位盒上安装吸顶灯，其灯具或木台应完全遮盖住灯位盒，如图 6-61 所示。

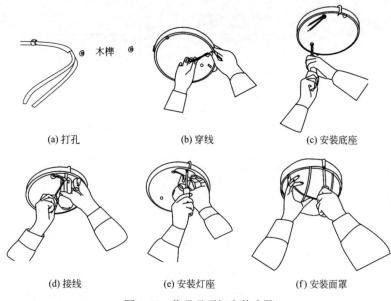

图 6-61　普通吸顶灯安装步骤

（2）荧光吸顶灯的安装

① 根据已敷设好的灯位盒位置，确定荧光灯的安装位置，在灯箱的底板上用电钻打好安装孔，并在灯箱上对着灯位盒的位置同时打好进线孔。

② 安装时，在进线孔处套上软塑料保护管保护导线，将电源线引入灯箱内，固定好灯箱，使其紧贴在建筑物表面上，并将灯箱调整顺直。

③ 灯箱固定后，将电源线压入灯箱的端子板（或瓷接头）上，无端子板（或瓷接头）的灯箱，应把导线连接好，把灯具的反光板固定在灯箱上，最后把荧光管装好，如图 6-62 所示。

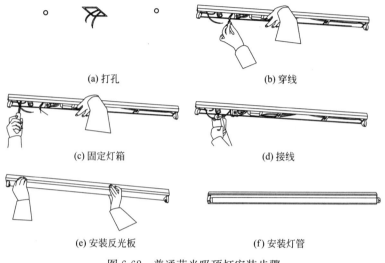

(a) 打孔

(b) 穿线

(c) 固定灯箱

(d) 接线

(e) 安装反光板

(f) 安装灯管

图 6-62 普通荧光吸顶灯安装步骤

（3）嵌入式灯具安装

① 小型嵌入筒灯在吊顶的罩面板上直接开孔，大的吸顶灯可在龙骨上需补强部位增加附加龙骨，罩面板按嵌入式灯开口大小围合成孔洞边框，此边框即为灯具提供连接点，边框一般为矩形，做成圆开口或方开口。小型嵌入式灯具安装方法如图 6-63 所示。

② 小型嵌入式灯具先连接好电源线后，直接将灯具推入孔中固定，大的灯具支架固定好后，将灯具的灯箱用机螺栓固定在支架上，再将电源线引入灯箱与灯具的导线连接并包扎紧密。调整各个灯座或灯脚，装上灯泡或灯管，上好灯罩，最后调整好灯具。灯具电源线不应贴近灯具外壳，灯线长度要适当留有余量。

③ 嵌入顶棚内的灯具，灯罩的边框应压住罩面板或遮住面板的板缝，并应与顶棚面板紧贴。矩形灯具的边框边缘应与顶棚面的装修直线平行。如灯具对称安装时，其纵横中心轴线应在同一直线上，偏差不应大于 5mm。

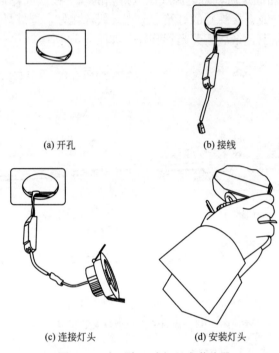

(a) 开孔   (b) 接线

(c) 连接灯头   (d) 安装灯头

图 6-63　小型嵌入式灯具安装步骤

　　④ 多支荧光灯组合的开启式嵌入灯具，灯管排列应整齐，灯内隔片或隔栅安装排列整齐，不应有弯曲、扭斜现象。

第**7**章

⚡ 安全用电

(7.1) 安全用电

7.1.1 保证安全的组织及技术措施

（1）保证安全的组织措施

① 现场勘察制度；

② 工作票制度；

③ 工作许可制度；

④ 工作监护制度；

⑤ 工作间断制度；

⑥ 工作终结和恢复送电制度。

（2）保证安全的技术措施

① 停电；

② 验电；

③ 装设接地线；

④ 使用个人保安线；

⑤ 悬挂标示牌和装设遮栏。

7.1.2 各种作业中的安全规定

（1）线路的运行和维护作业

① 巡线工作应由有电力线路工作经验的人员担任。单独巡线人员应考试合格并经工区（公司、所）主管生产领导批准。电缆隧

道、偏僻山区和夜间巡线应由两人进行。暑天、大雪天等恶劣天气，必要时有两人进行。单人巡线时，禁止攀登电杆和铁塔。

② 雷雨、大风天气或事故巡线、巡视人员应穿绝缘鞋或绝缘靴；暑天，山区巡线应配备必要的防护工具和药品；夜间巡线应携带足够的照明工具。

③ 夜间巡线应沿线路外侧进行，大风巡线应沿线路上风侧前进，以免触及断落的导线；特殊巡视应注意选择路线，防止洪水、塌方及恶劣天气对人的伤害。

事故巡线应始终认为线路带电，即使明知线路已停电，也应认为线路随时有恢复送电的可能。

④ 巡线人员发现导线、电缆断落地面或悬吊空中，应设法防止行人靠近断线地点 8m 以内，以免跨步电压伤人，并迅速报告调度和上级等候处理。

⑤ 进行配电设备巡视的人员，应熟悉设备的内部结构和接线情况，巡视检查配电设备时，不得越过遮栏、围墙；进出配电设备室（箱），应随手关门，巡视完毕应上锁，单人巡视时，禁止打开配电设备柜门、箱盖。

（2）倒闸操作作业

① 倒闸操作应由两人进行，一人操作，一人监护，并认真执行唱票、复诵制，发布指令和复诵指令都应严肃认真，使用规范操作术语，准确清晰，按操作票顺序逐项操作；每操作完一项，应检查无误后，做一个"√"标记，操作中发生疑问时，不准擅自更改操作票，应向操作发令人询问清楚无误后再进行操作，操作完毕，受令人应立即向发令人汇报。

② 操作机械传动的断路器（开关）或隔离开关（刀闸）时，应戴绝缘手套，没有机械传动的断路器（开关）或隔离开关（刀闸）和跌落式断路器（保险）应使用合格的绝缘棒进行操作。雨天操作应使用防雨罩的绝缘棒，并戴绝缘手套。

操作柱上断路器（开关）时，应有防止断路器（开关）爆炸时伤人的措施。

③ 更换配电变压器跌落式熔断器熔丝的工作，应先将低压开关和高压隔离开关（刀闸）或跌落式熔断器（保险）拉开，摘挂跌

落式熔断器（保险）的熔断管时，应使用绝缘棒，并应有专人监护，其他人员不得触及设备。

④ 雷电时，严禁进行倒闸操作和更换熔丝的工作。

⑤ 如发生严重危及人身安全情况时，可不等待指令即行断开电源，但事后应立即报告调度或设备运行管理单位。

（3）测量作业

① 直接接触设备的电气测量工作，至少应有两人进行，一人操作，一人监护。夜间进行测量工作，应有足够的照明。

② 测量人员应了解仪表的性能，使用的方法和正确接线，熟悉测量的安全措施。

③ 杆塔配电变压器和避雷器的接地电阻测量工作，可在线路和设备带电的情况下进行。解开或恢复配电变压器和避雷器的接地引线时，应戴绝缘手套。严禁直接接触与地断开的接地线。

④ 测量低压线路和配电变压器低压侧的电流时，可使用钳形电流表。应注意不触及其他带电部分，以防相间短路。

⑤ 带电线路导线的垂直距离（导线弛度、交叉跨越距离）可用测量仪或使用绝缘测量工具测量，严禁使用皮尺、普通绳索、线尺等非绝缘工具进行测量。

（4）砍剪树木

① 在线路带电的情况下砍剪靠近线路的树木时，工作负责人应在工作开始前，向全体人员说明：电力线路带电，人员、树木、绳索应与导线保持规定的距离。

② 砍剪树木时，应防止马蜂等昆虫或动物伤人。上树时，不应攀抓脆弱枯死的树枝，并使用安全带。安全带不得系在砍剪树枝的断口附近或以上。不应攀登已经锯过或砍过的未断树木。

③ 砍剪树木应有专人监护。待砍剪树木下面和倒树范围内不得有人逗留，防止砸伤行人。为防止树木（树枝）倒落在电线上，应设法用绳索将其拉向与导线相反的方向，绳索应有足够的长度，以免拉绳子的人员被倒落的树木砸伤。砍剪山坡树木应做好防止树木向下弹跳接近导线的措施。

④ 树枝接触或接近高压带电导线时，应将高压线路停电或用绝缘工具使树枝远离带电导线至安全距离。此前严禁人体接触

树木。

⑤ 大风天气，禁止砍剪高出或接近导线的树木。

⑥ 使用油锯和电锯的作业，应由熟悉其力学性能和操作方法的人员操作。使用时，应先检查所能锯到的范围内有无铁钉等金属物件，以防止金属物体飞出伤人。

（5）临近带电导线作业

① 在 10kV 及以下的带电杆塔上进行工作，工作人员距最下层带电导线垂直距离不得小于 0.7m。

② 停电检修的线路如与另一回路带电线路相交叉或接近，以致工作时人员和工器具可能与另一回路导线接触或在 1m 的安全距离以内时，则另一回路线路也应停电并予接地。

严禁同杆塔架设的 10kV 及以下的线路带电情况下，进行另一回路的登杆停电检修工作。

③ 遇有 5 级以上的大风时，严禁在同杆塔多回线路中进行部分线路检修工作。

④ 工作负责人在接受许可开始工作的命令时，应与工作许可人核对停电线路双重名称无误，如不符或有任何疑问时，不得开始工作。

⑤ 登杆塔和在杆塔上工作时，每基杆塔都应设专人监护。

⑥ 作业人员登杆塔前应核对停电检修线路的识别标记和双重名称无误后，方可攀登。登杆塔至横担处时，应再次核对停电线路的识别标记与双重名称，确实无误后方可进入停电线路侧横担。

（6）安全作业的一般措施

① 任何人进入生产现场（办公室、控制室、值班室和检修班组室除外）应戴安全帽。

② 工作场所的照明，应该保证足够的亮度。

③ 遇有电气设备着火时，应立即将有关设备的电源切断，然后进行救火。消防器材的配备、使用、维护，消防通道的配置等应遵守 DL 5027—2015《电力设备典型消防规程》的规定。

④ 电气工具和用具应由专人保管，定期进行检查。使用时，应按有关规定接入漏电保护装置、接地线。使用前应检查电线是否完好，有无接地线，不合格的不准使用。

⑤ 杆塔上作业应在良好的天气下进行。在工作中遇有 6 级以上大风及雷暴雨、冰雹、大雾、沙尘暴等恶劣天气时，应停止工作。特殊情况下，确需在恶劣天气进行抢修时，应组织人员充分讨论必要的安全措施，经本单位主管生产的领导（总工程师）批准后方可进行。

（7）高空作业

① 凡在离地面（坠落高度基准面）2m 及以上的地点进行的工作，都应视作高处作业。

② 高处作业时，安全带（绳）应挂在牢固的构架上或专为挂安全带用的角钢或钢丝绳上，并不得低挂高用，禁止系挂在移动或不牢固的物件上［如避雷器、断路器（开关）、隔离开关（刀闸）、互感器等支持不牢固的物件］。系安全带前应检查扣环是否扣牢。

③ 上杆塔作业前，应先检查根部、基础和拉线是否牢固。新立杆塔在杆基未完全牢固或做好临时拉线前，严禁攀登。遇有冲刷，起土，上拔或导线、地线、拉线松动的杆塔，应先培土加固，打好临时拉线或支好杆架后，再行登杆。

④ 登杆塔前，应先检查登高工具和设施，如脚扣、升降板、安全带、梯子和脚钉、爬梯、防坠装置是否完整牢靠。禁止携带器材登杆或在杆塔上移位。严禁利用绳索、拉线上下杆塔或顺杆下滑。

上横担进行工作前，应检查横担连接是否牢固、是否有腐蚀情况，检查时安全带（绳）应系在主杆或牢固的构架上。

⑤ 在杆塔高空作业时，应使用有后备绳的双保险安全带，安全带和保护绳应分挂在不同部位的牢固构架上，应防止安全带从杆顶脱出或被锋利物损坏。人员在转位时，手扶的物件应牢固，且不得失去后备绳的保护。220kV 及以上线路在杆塔上宜设置高空工作作业人员上下杆塔的防坠安全保护装置。

⑥ 高处作业应使用工具袋，较大的工具应固定在牢固的构件上，不准随便乱放。上下传递物件，应用绳索拴牢传递，严禁上下抛掷。

在高处作业现场，工作人员不得站在作业处的垂直下方，高空落物区不得有无关人员通行或逗留。在行人道口或密集区从事高处作业，工作点下方应设围栏或其他保护措施。

杆塔上下无法避免垂直交叉作业时，应做好防落物伤人的措施，作业时要相互照应，密切配合。

⑦ 在气温低于−10℃时，不宜进行高处作业；确因工作需要进行作业时，作业人员应采取保暖措施，施工不宜超过 7h。在冰雪、霜冻、雨雾天气进行高处作业，应采取防滑措施。

⑧ 在未做好安全措施的情况下，不准在不坚固的结构（如彩钢板屋顶）上进行工作。

⑨ 梯子应坚固完整，梯子的支柱应能承受作业人员及所携带的工具、材料的总重量，硬质梯子的横档应钳在支柱上，梯阶的距离不应大于 40cm，并在距顶 1m 处设限高标志，梯子不应绑接使用。

⑩ 在杆塔上水平使用梯子时，应使用特制的专用梯子。工作前应将梯子两端与固定物可靠连接，一般应由一人在梯子上工作，水平使用普通梯子应经过验算，检查合格。

⑪ 在架空线路上使用软梯作业或用梯头进行移动作业，软梯或梯头上只准一人工作。工作人员到达梯头上进行工作和梯头开始移动前应将梯头的封口可靠封闭，否则应使用保护绳防止梯头脱钩。

（8）杆塔施工和检修作业

① 立、撤杆塔应设专人统一指挥。开工前，要交待施工的方法，指挥信号和安全组织，技术措施，工作人员要明确分工，密切配合，服从指挥。在居民区和交通道路附近立、撤杆时，应具备相应的交通组织方案，并设警戒范围或警告标志，必要时派专人看守。

② 立、撤杆塔要使用合格的起重设备，严禁过载使用。

③ 立、撤杆塔过程中基坑内严禁有人工作。除指挥人及指定人员外，其他人员应在离开杆塔的 1.2 倍距离以外。

④ 主杆及修正杆坑时，应有防止杆身倾斜、滚动的措施，如采用拉绳和叉杆控制等。

⑤ 顶杆及叉杆只能用于竖立 8m 以下的拔梢杆，不得用铁锹、桩柱等代替。立杆前，应开好"马道"。工作人员要均匀地分配在

电杆两侧。

⑥ 利用已有杆塔立、撤杆，应先检查杆塔根部，必要时增设临时拉线或其他补偿措施。在带电设备附近进行立、撤杆塔工作，杆塔、拉线与临时拉线应与带电设备保持足够的安全距离，且有防止立、撤杆塔过程中拉线跳动的措施。

⑦ 使用吊车立、撤杆塔时，钢丝绳套应吊在电杆的适当位置，以防止电杆突然倾倒。

⑧ 在撤杆工作中，拆除杆上导线前，应先检查杆根做好防止倒杆措施，在挖坑前应先绑好拉绳。

⑨ 使用抱杆立、撤杆时，立杆引绳、尾绳、杆塔中心及抱杆顶应在一条直线上。抱杆下部应固定牢固，抱杆顶部应设临时拉线控制，临时拉线应均匀调节并由有经验的人控制。抱杆应受力均匀，两侧拉绳应拉好，不得左右倾斜，固定临时拉线时，不得固定在可能移动的物体上或其他不可靠的物体上。

⑩ 整体立、撤杆塔前应进行全面检查，各受力、连接部位全部合格方可起吊。立、撤杆塔过程中，吊件垂直下方、受力钢丝绳的内角侧严禁有人。杆顶起立离地约 0.8m 时应对杆塔进行一次冲击试验，各受力点处做一次全面检查确无问题，再继续起立；起立70°后，应减缓速度，注意各侧拉线，起立至80°时，停止牵引，用临时拉线调整杆塔。

⑪ 牵引时，不得利用树木或外露岩石作受力桩，临时拉线不得固定在有可能移动或其他不可靠的物体上。一个锚桩上的临时拉线不得超过两根，临时拉线绑扎工作应由有经验的人员担任。临时拉线应在永久拉线全部安装完毕承力后方可拆除。

⑫ 已经立起的杆塔，回填夯实后方可撤去拉绳及叉杆。回填土直径不应大于 30mm，每回填 150mm 应夯实一次。基层完全夯实牢固和拉线杆塔在拉线未制作完成前，严禁攀登。

杆塔施工中不宜用临时拉线过夜，需要过夜时应对临时拉线采取加固措施。

杆塔上有人工作时，不得调整和拆除拉线。

（9）放线、紧线和撤线作业

① 放线、紧线和撤线工作均应有专人指挥、统一信号，并做

到通信畅通、加强监护。工作前应检查放线、撤线和紧线工具及设备是否良好。

② 交叉跨越各种线路、铁路、公路、河流等放、撤线时，应先取得主管部门同意，做好安全措施，如搭好可靠的跨越架、封航、封路、在路口设有专人持信号旗看守等。

③ 紧线前，应检查导线无障碍物挂住。紧线时，应检查接线管或接头以及过滑轮、横担、树枝、房屋等处有无卡住现象。如遇导线、地线有卡、挂现象，应松线后处理。处理时操作人员站在卡线处外侧，采用工具、大绳等撬、拉导线，严禁用手直接拉、推导线。

④ 放线、撤线和紧线工作时，人员不得站在或跨在已受力的牵引绳、导线的内角侧和展放的导线、地线圈内以及牵引线或架空线的垂直下方，防止意外跑线时抽伤。

⑤ 紧线、撤线前，应检查拉线、桩锚和杆塔，必要时，应加固桩锚或加设临时拉绳。

⑥ 严禁采用突然剪断导线、地线的做法松线。

（10）配电设备上的作业

① 配电设备［包括：高压配电室、箱式变电站、配电变压器台架、配电室（箱）、环网柜、电缆分支箱］停电检修时，应使用电力线路第一种工作票。同一天几处高压配电室、箱式变电站、配电变压器台架进行同一类型工作，可使用一张工作票。高压线路不停电时，工作负责人应向全体人员说明线路上有电，并加强监护。

② 在高压配电室、箱式变电站、配电变压器台架上进行工作时，不论线路是否停电，应先拉开低压侧隔离开关（刀闸），然后拉开高压侧隔离开关（刀闸）或跌落式熔断器（保险），在停电的高低压线上验电、接地。上述操作在工作负责人监护下进行时，可不用操作票。

③ 进行配电设备停电作业前，应断开可能送电到待检修设备、配电各侧的所有线路（包括用户线路）断路器（开关）、隔离开关（刀闸）和熔断器（保险），并验电接地后，才能进行工作。

④ 两台及以上配电变压器低压侧共用一个接地体时，其中任一台配电变压器停电检修，其他变压器也应停电。

⑤ 配电设备验电时，应戴绝缘手套，如无法直接验电时应按电力安全工作有关规定进行间接验电。

⑥ 进行电容器停电工作时，应先断开电源，将电容器充分放电，接地后才能进行工作。

⑦ 配电设备接地电阻不合格时，应戴绝缘手套方可接触箱体。

⑧ 配电设备应有防误闭锁装置。防误闭锁装置不得随意退出运行。倒闸操作过程中严禁解锁，如需解锁，应履行批准手续。解锁工具（钥匙）使用后应及时封存。

⑨ 配电设备中使用的普通型电缆接头，严禁带电插拔。可带电插拔的肘形电缆接头，不可带负荷操作。

（11）架空绝缘导线作业

① 架空绝缘导线不应视为绝缘设备，作业人员不得直接接触或接近。架空绝缘线路与裸导线线路停电作业的安全要求相同。

② 架空绝缘导线应在线路的适当位置设立验电接地环或其他验电装置，以满足运行、检修工作的需要。

③ 禁止工作人员穿越未停电接地或未采取隔离措施的绝缘导线进行工作。

（12）装表接电作业

① 带电装表接电工作时，应采取防止短路和电弧灼伤的安全措施。

② 电能表与电流互感器、电压互感器配合安装时，应有防止电流互感器二次开路和电压互感器二次短路的安全措施。

③ 所有配电箱、电表箱均应可靠接地且接地电阻应满足要求，工作人员在接触运行中的配电箱、电表箱前，应检查接地装置是否良好，并用验电笔确认其确无电压后，方可接触。

④ 当发现配电箱、电表箱箱体带电时，应断开上一级电源将其停电，查明带电原因，并做相应处理。

（13）低压带电作业

① 低压带电作业应设专人监护。

② 使用有绝缘柄的工具，其外裸的导电部位应采取绝缘措施，防止操作时线或相对地短路。工作时，应穿绝缘鞋及全棉长袖工作服，并戴手套、安全帽、护目镜，站在干燥的绝缘物上进行。严禁

使用锉刀、金属尺和带有金属物的毛刷、毛掸等工具。

③ 高低压同杆架设，在低压带电线路上工作时，应先检查与高压线的距离，采取防止误碰带电高压设备的措施。在低压带电导线未采取绝缘措施时，工作人员不得穿越。在带电的低压配电装置上工作时，应采取防止相间短路和单相接地的绝缘隔离措施。

④ 上杆前，应先分清相、中性线，选好工作位置。断开导线时，应先断开相线，后断开中性线；连接导线时，顺序应相反。

⑤ 人体不得同时接触两根线头。

⑥ 选用抱杆应经过计算负荷载重。独立抱杆至少应有四根拉绳，人字抱杆应有两根拉绳，所有拉绳均应固定在牢固的地锚上，必要时经校验合格。

7.1.3 电气防火

（1）造成电气火灾的主要原因

发生电气火灾要具备两个条件：首先要有可燃物和环境，其次要有引燃条件。

引起火灾的可能原因：

① 有些电气设备正常工作时就能产生火花、电弧和危险高温，如开关电器的拉、合操作，电炉、白炽灯工作温度都相当高。

② 线路发生短路故障。

③ 线路过负荷能引起火灾。线路过负荷时，熔断器和保护装置如不动作，时间长了可能因过热而使绝缘损坏、燃烧。

④ 电气设备连接点及电气线路接头氧化腐蚀。电化腐蚀及连接长度过短、接点压力过小等造成接触不良，运行中产生火花、电弧或危险高温。

⑤ 电气设备运行故障可造成火灾。如电动机扫膛、匝间短路、相间短路故障等。

⑥ 使用电器不注意会造成火灾。如使用电炉、电烙铁、电熨斗等，用后忘记断开开关或拔插销，时间长了会造成火灾。

⑦ 静电放电火花也会造成火灾。

（2）扑灭电气火灾的常识

从灭火角度考虑，电气火灾有如下两个特点：一个特点是着火后电气设备可能是带电的,如不注意可能会引起触电事故;另一个特点是有些电气设备(如电力变压器、多油断路器等)本身充有大量的油,可能会发生喷油甚至爆炸事故,而造成火焰蔓延,扩大火灾范围,这些都必须加以注意。

① 切断电源以防触电　电气设备或电气线路发生火灾,如果没有及时切断电源,在下列情况下可能触电:

a. 扑救人员身体或所持器械可能触及带电部分,造成触电事故。

b. 使用导电灭火剂,如水枪射出的直流水柱、泡沫灭火机射出的泡沫等射至带电部分,也可能引起触电事故。

c. 火灾发生后,电气设备可能因绝缘损坏而碰壳短路,电气线路也可能因电线断落而接地短路,使正常时不带电的金属框架、地面等部位带电,也可能发生因接触电压或跨步电压而触电的危险。

因此,发生火灾后,首先要设法切断电源,切断电源时应注意以下事项:

a. 火灾发生后,由于受潮或烟熏,开关设备的绝缘性能会降低,因此拉闸时最好用绝缘工具操作。

b. 高压应先操作油断路器,而不应先操作隔离开关切断电源;低压应先操作电磁启动器,而不应先操作刀开关切断电源,以免引来弧光短路。

c. 切断电源的范围要选择适当,防止断电后影响灭火工作和扩大停电范围。

d. 剪断电线时,对三相线路的非同相电线应在不同部位剪断,以免造成短路;剪断空中电线时,剪断位置应选择在电源方向的支持物附近,以防止电线剪断后掉落造成接地短路或触电事故。电气设备和线路在切断电源后的灭火方法,与一般火灾的灭火方法相同。

② 带电灭火的安全要求　有时为了争取灭火时间,来不及断电,或因生产需要或其他原因,不允许断电,则需带电灭火。带电灭火需注意以下几点:

a. 选择适当的灭火机。二氧化碳、四氯化碳、二氟-氯-溴甲烷

（1211）、二氟二溴甲烷或干粉灭火机的灭火剂都是不导电的，可用于带电灭火。泡沫灭火机的灭火剂（水溶液）有一定的导电性，而且对电气设备的绝缘有影响，不宜用于带电灭火。

b. 用水枪灭火机时宜采用喷雾水枪，这种水枪通过水柱的泄漏电流较小，带电灭火比较安全；用普通直流水枪灭火时，为防止通过水柱的泄漏电流流过人体，可将水枪喷嘴接地（即将水枪喷嘴接向接地体，或接向粗铜线网格接地板，或接向粗铜线网格鞋套）；也可让灭火人员穿戴绝缘手套或绝缘靴或穿戴均压服工作。

c. 人体和带电体之间保持必要的安全距离。用水灭火时，水枪喷嘴至带电体的距离：电压为 110kV 以下者应不小于 3m；电压为 220kV 及以上者应不小于 5m。用二氧化碳等不导电灭火剂的灭火器时，接地体喷嘴至带电体的最小距离见表 7-1。

表 7-1　带电灭火时接地体喷嘴至带电体的最小距离

电压/kV	10	35	66	110	159	220	330
距离/m	0.4	0.6	0.7	1.0	1.4	1.8	2.4

d. 对架空线路等空中设备进行灭火时，人体位置与带电体之间的仰角应不超过 45°，以防导线断落危及灭火人员的安全。

e. 如遇带电导线断落地面，要画出一定的警戒区，若有人处在警戒区内，绝不能跨步奔走，应单足或并足跳离危险区，以防跨步电压伤人。

（3）灭火安全注意事项

① 充油设备的灭火要求　充油设备的油，闪点多在 130～140℃ 之间，有较大的危险性。如果只在设备外部起火，可用二氧化碳、四氯化碳、二氟-氯-溴甲烷、干粉等灭火机带电灭火。如果火势较大，对附近的电气设备有威胁时，应切断起火设备和受威胁设备的电源，并可用水灭火。如果油箱破坏，喷油燃烧，火势很大时，除切断电源外，如设有事故储油坑的，应设法将油放进储油坑，而坑内和地上的油火可用泡沫扑灭。同时要防止燃烧着的油流入电缆沟而顺沟蔓延（若电缆沟内已有油火，则只能用泡沫覆盖扑灭）。

② 旋转电机的灭火要求　发电机和电动机等旋转电机着火时，为防止轴承变形，可令其慢慢转动，用喷雾水灭火，并使其均匀冷却；也可用二氧化碳、四氯化碳、二氟-氯-溴甲烷或蒸气灭火，但不宜用干粉、砂子、泥土灭火，以免损伤电气设备的绝缘。

必须指出，用四氯化碳灭火时，灭火人员应站在上风侧，防止中毒，灭火后要及时注意通风。

③ 变配电装置的灭火要求　变配电装置着火时，必须先切断电源，可用水枪喷雾灭火，也可用二氧化碳、1211 灭火，不得用干粉、砂子、泥土灭火。

④ 电缆的灭火要求

a. 电缆灭火必须先切断电源。灭火时，一般常用水枪喷雾、二氧化碳、1211 等，也可用干粉、砂子、黄土等。

b. 电缆沟、井、隧道内电缆着火时，应先将起火电缆周围的电缆电源切断，再用手提式干粉灭火机、二氧化碳、1211 灭火，也可用喷雾水枪、干砂、黄土（必须干燥）灭火。灭火人员应戴防毒面具、戴绝缘手套、穿绝缘靴。也可把井、隧道内的隔火门关闭，用窒息方法灭火。当沟内电缆较少而距离较短时，可将两端井口堵住封死窒息灭火。

c. 当电缆沟内火势较大，一时难以扑灭时，先将电源切断，再向沟内灌水，直到将着火点用水封住，火便会自行熄灭。

d. 电缆着火时，在未有确认停电和放电前严禁用手直接接触电缆外皮，更不准移动电缆。必要时，应戴绝缘手套，穿绝缘靴，用绝缘拉杆操作。

e. 室内电缆着火后，必须通风良好，小心中毒。有通风机的建筑物，电气火灾发生后应自动启动通风机。

（4）电气防火措施

根据电气火灾形成的原因，防火措施应能改善环境条件，排除空气中各种可燃物质。此外，还应避免电气设备产生引起火灾的火源。

① 排除可燃物质

a. 保持良好通风，加速空气流通和交换，减少现场蒸气、粉尘、纤维及可燃气体，把它们的浓度降低到不致引起火灾的限度之内。

b. 可燃物质的生产设备、储存容器、管道接头、阀门等应严密封闭，经常检查巡视，防止易燃物跑、冒、滴、漏。

② 排除电气火源

a. 正常运行中能够产生火花、电弧危险和高温的电气设备，不应安装在容易发生火灾的场所内。在易燃场所内，不应或少用携带式电气设备。

b. 有火灾危险的场所使用的电气设备，应选择合适的电气设备型号。

c. 在有火灾危险的场所内，电力线路的导线绝缘和电缆的额定电压不得低于电网的额定电压，采用绝缘铜芯电线，电压等级不低于500V，导线连接应良好可靠。

d. 在有火灾危险的场所内，工作零线的绝缘与相线绝缘相同，并应在同一保护管内，绝缘导线应敷设在钢管内，严禁明敷设。

e. 在有火灾危险的场所内，应采用无延燃性外护层电缆和无延燃性护套的绝缘导线，用钢管或硬塑料管明、暗敷设。

f. 因突然停电而易引起火灾的场所，应有两路以上电源，电源之间应能自动切换。

g. 有火灾危险的场所内的电气设备，金属外壳应可靠接地（或接零），以便在发生接地短路故障时迅速切断电源，防止短路电流长期通过设备而产生高热。

h. 正确选择保护、信号装置，合理整定，保证电气设备和线路在严重过负荷或发生故障时，准确、及时可靠地切除故障、设备或线路并发出警报信号，以便迅速处理。

7.1.4　架空线路的防雷

（1）电杆的防雷（图7-1）

① 在三角形顶线绝缘子上装设避雷针　由于3～10kV线路通常是中性点不接地的，因此，如在三角形排列的顶线绝缘子上装设避雷针，在雷击时，避雷针对地泄放雷电流，从而保护了导线。

② 装设氧化锌避雷器　用来保护线路上个别绝缘最薄弱的部分，包括个别特别高的杆塔、带拉线的杆塔、木杆线路中的个别金属杆塔或个别铁横担电杆以及线路的交叉跨越处等。

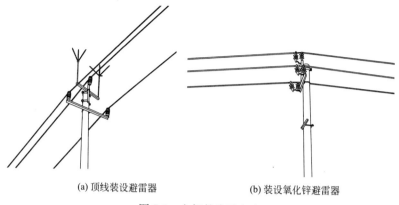

(a) 顶线装设避雷器　　　　　　　　(b) 装设氧化锌避雷器

图 7-1　电杆的防雷方法

（2）设备的保护

在高压侧装设氧化锌避雷器主要用来保护断路器和跌落式熔断器，以免高电位沿高压线路侵袭高压设备，如图 7-2 所示。

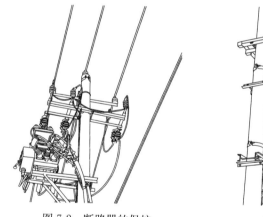

图 7-2　断路器的保护

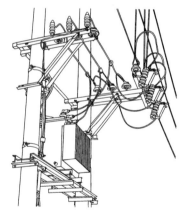

图 7-3　变压器的保护

（3）变压器的保护

要求避雷器或保护间隙尽量靠近变压器安装，其接地线应与变压器低压中性点及金属外壳连在一起接地。如果进线是具有一段电缆的架空线路，则阀型或排气式避雷器应装在架空线路终端的电缆终端头处，如图 7-3 所示。

7.2 安全用电常识

7.2.1 用电注意事项

① 不可用铁丝或铜丝代替熔丝，如图 7-4 所示。由于铁（铜）丝的熔点比熔丝高，当线路发生短路或超载时，铁（铜）丝不能熔断，失去了对线路的保护作用。

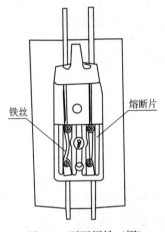

铁丝　　熔断片

图 7-4　不可用铁（铜）
　　　丝代替熔丝

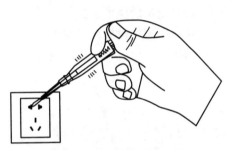

图 7-5　插座"左火"是错误的

② 电源插座不允许安装得过低和安装在潮湿的地方，插座必须按"左零右火"接通电源，如图 7-5 所示。

③ 应定期对电气线路进行检查和维修，更换绝缘老化的线路，修复绝缘破损处，确保所有绝缘部分完好无损。

④ 不要移动正处于工作状态的洗衣机、电视机、电冰箱等家用电器，应在切断电源、拔掉插头的条件下搬动，如图 7-6 所示。

⑤ 使用床头灯时，用灯头上的开关控制用电器有一定的危险，应选用拉线开关或电子遥控开关，这样更为安全。

⑥ 发现用电器发声异常或有焦煳异味等不正常情况时，应立即切断电源，进行检修。

⑦ 照明等控制开关应接在相线（火线）上，灯座螺口必须接

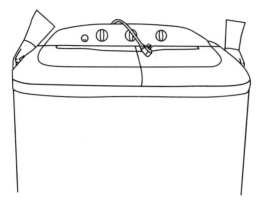

图 7-6　拔掉插头搬家电

零，如图 7-7 所示。严禁使用"一线一地"（即采用一根相线和利用大地做零线）的方法安装电灯、杀虫灯等，防止有人拔出零线造成触电。

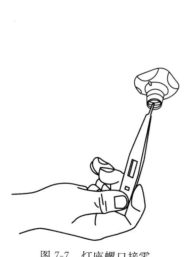

图 7-7　灯座螺口接零

图 7-8　站在木凳上换灯泡

⑧ 平时应注意防止导线和电气设备受潮，不要用湿手去摸带电灯头、开关、插座以及其他家用电器的金属外壳，也不要用湿布

去擦拭。在更换灯泡时要先切断电源，然后站在干燥木凳上进行，使人体与地面充分绝缘，如图7-8所示。

⑨ 不要用金属丝绑扎电源线。

⑩ 发现导线的金属外露时，应及时用带黏性的绝缘黑胶布加以包扎，但不可用医用胶布代替电工用绝缘黑胶布，如图7-9所示。

⑪ 晒衣服的铁丝不要靠近电线，以防铁丝与电线相碰。更不要在电线上晒衣服，如图7-10所示。

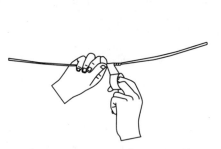

图7-9　严禁用医用胶布包缠绝缘　　图7-10　不准在电线上晒衣服

⑫ 使用移动式电气设备时，应先检查其绝缘是否良好，在使用过程中应采取增加绝缘的措施，如使用电锤、手电钻时最好戴绝缘手套并站在橡胶垫上进行。

⑬ 洗衣机、电冰箱等家用电器在安装使用时，必须按要求将其金属外壳做好接零线或接地线的保护措施。

⑭ 在同一插座上不能插接功率过大的用电器，也不能同时插接多个用电器。这是因为如果线路中用电器的总功率过大，导线中的电流超过电线所允许通过的最大正常工作电流，导线会发热。此时，如果熔丝又失去了自动熔断的保险作用，就会引起电线燃烧，造成火灾，或发生用电器烧毁的事故。

⑮ 在潮湿环境中使用可移动电器，必须采用额定电压为36V的低压电器，若采用额定电压为220V的电器，其电源必须采用隔离变压器。金属容器（如锅炉、管道）内使用移动电器，一定要用额定电压为12V的低压电器，并要加接临时开关，还要有专人在

容器外监护，低压移动电器应装特殊型号的插头，以防误插入电压较高的插座上。

7.2.2 触电形式

（1）单相触电

变压器低压侧中性点直接接地系统，电流从一根相线经过电气设备、人体再经大地流回到中性点，这时加在人体的电压是相电压，如图 7-11 所示，其危险程度取决于人体与地面的接触电阻。

图 7-11　单相触电示意图

图 7-12　两相触电示意图

（2）两相触电

电流从一根相线经过人体流至另一根相线，在电流回路中只有人体电阻，如图 7-12 所示。在这种情况下，触电者即使穿上绝缘鞋或站在绝缘台上也起不了保护作用，所以两相触电是很危险的。

（3）跨步电压触电

如输电线断线，则电流经过接地体向大地作半环形流散，并在接地点周围地面产生一个相当大的电场，电场强度随离断线点距离的增加而减小，如图 7-13 所示。

距断线点 1m 范围内，约有 60％的电压降；距断线点 2～10m 范围内，约有 24％的电压降；距断线点 11～20m 范围内，约有 8％的电压降。

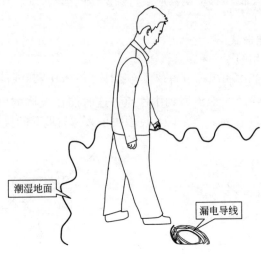

图 7-13　跨步电压触电示意图

潮湿地面

漏电导线

（4）雷电触电

雷电是自然界的一种放电现象，在本质上与一般电容器的放电现象相同，所不同的是作为雷电放电的两个极板大多是两块雷云，同时雷云之间的距离要比一般电容器极板间的距离大得多，通常可达数千米，因此可以说是一种特殊的"电容器"放电现象，如图 7-14 所示。

图 7-14　雷电触电示意图

除多数放电在雷云之间发生外，也有一小部分的放电发生在雷云和大地之间，即所谓落地雷。就雷电对设备和人身的危害来说，主要危险来自落地雷。

落地雷具有很大的破坏性，其电压可高达数百万到数千万伏，雷电流可高至几十千安，少数可高达数百千安。雷电的放电时间较短，只有 $50\sim100\mu s$。雷电具有电流大、时间短、频率高、电压高的特点。

人体如直接遭受雷击，其后果不堪设想。但多数雷电伤害事故，是由于反击或雷电流引入大地后，在地面产生很高的冲击电流，使人体遭受冲击跨步电压或冲击接触电压而造成电击伤害的。

7.2.3　脱离电源的方法和措施

（1）触电者触及低压带电设备

① 救护人员应设法迅速脱离电源，如拉开电源开关或刀开关或拔除电源插头等，如图 7-15 所示，或使用干燥的绝缘工具，干燥的木棒、木板等不导电材料使触电者脱离电源。

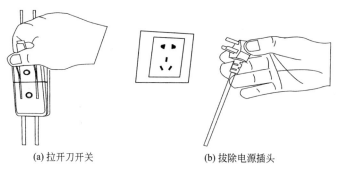

(a) 拉开刀开关　　　　　　　(b) 拔除电源插头

图 7-15　断开电源

② 也可抓住触电者干燥而不贴身的衣服，将其拖开，如图 7-16 所示。

③ 戴绝缘手套或将手用干燥的衣物等包起绝缘后再使触电者脱离电源。

④ 救护人站在绝缘垫上或干木板上，把自己绝缘后再进行救护。

⑤ 为使触电者与导电体分离，最好用一只手进行。

木板

图 7-16　站在木板上拉开
触电者示意图

⑥ 若电流通过触电者入地，并且触电者紧握电线，可设法用干木板塞到触电者身下，与地绝缘，也可用干木把斧子或有绝缘柄的钳子等将电线剪断，剪断电线要分相，一根一根地剪断。

（2）触电发生在架空杆塔上

① 如系低压带电线路，若可能立即切断线路电源的，应迅速切断电源，或由救护人员迅速登杆，用绝缘钳、干燥不导电物体将触电者拉离电源。

② 如系高压带电线路又不可能迅速切断电源开关的，可采用抛挂临时金属短路线的方法，使电源开关跳闸。

③ 救护人使触电者脱离电源时，要注意防止高处坠落和再次触及其他线路。

7.3 触电救护方法

7.3.1　口对口（鼻）人工呼吸法步骤

（1）通畅气道

触电者呼吸停止，重要的是确保气道通畅，如发现伤员口内有异物，可将其身体及头部同时偏转，并迅速用手指从口角处插入取出，如图 7-17(a) 所示。

（2）通畅气道

可采用仰头抬颏法，严禁用枕头或其他物品垫在伤员头下，如图 7-17(b) 所示。

（3）捏鼻掰嘴

救护人用一只手捏紧触电人的鼻孔（不要漏气），另一只手将触电人的下颏拉向前方，使嘴张开（嘴上可盖一块纱布或薄布），如图 7-17(c) 所示。

（4）贴紧吹气

救护人做深呼吸后，紧贴触电人的嘴（不要漏气）吹气，先连续大口吹气两次，每次 1～1.5s，如图 7-17(d) 所示；如两次吸气后试测颈动脉仍无搏动，可判定心跳已经停止，要立即同时进行胸外按压。

（5）放松换气

救护人吹气完毕准备换气时，应立即离开触电人的嘴，并放松捏紧的鼻孔；除开始大口吹气两次外，正常口对口（鼻）呼吸的吹

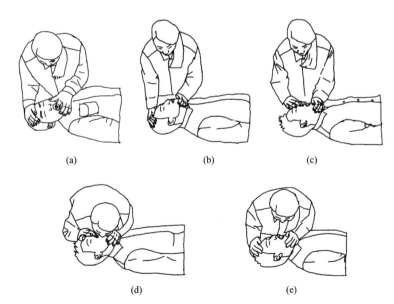

(a)　　　　　　　　(b)　　　　　　　　(c)

(d)　　　　　　　　(e)

图 7-17　口对口（鼻）人工呼吸法示意图

气量不需过大，以免引起胃膨胀；吹气和放松时要注意伤员胸部应有起伏的呼吸动作。吹气时如有较大阻力，可能是头部后仰不够，应及时纠正，如图 7-17(e) 所示。

（6）操作频率

按以上步骤连续不断地进行操作，每分钟约吹气 12 次，即每 5s 吹一次气，吹气约 2s，呼气约 3s。如果触电人的牙关紧闭，不易撬开，可捏紧鼻，向鼻孔吹气。

7.3.2 胸外心脏按压法步骤

（1）找准正确压点

① 右手的中指沿触电者的右侧肋弓下缘向上，找到肋骨和胸骨接合处的中点，如图 7-18(a) 所示。

② 两手指并齐，中指放在切迹中点（剑突底部），食指平放在胸骨下部，如图 7-18(b) 所示。

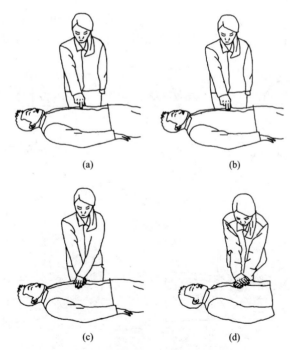

图 7-18　胸外心脏按压法示意图

③ 另一只手的掌根紧挨食指上缘置于胸骨上，即为正确的按压位置，如图 7-18(c) 所示。

（2）正确的按压姿势

① 使触电者仰面躺在平硬的地方，救护人员站立或跪在伤员一侧肩旁，两肩位于伤员胸骨正上方，两臂伸直，肘关节固定不屈，两手掌根相叠，手指翘起，不接触伤员胸壁，如图 7-18(d) 所示。

② 以髋关节为支点，利用上身的重量，垂直将正常成人胸骨压陷 3～5cm（儿童及瘦弱者酌减）。

③ 按压至要求程度后，立即全部放松，但放松时救护人的掌根不得离开胸壁。

④ 按压必须有效，其标志是按压过程中可以触及到颈动脉搏动。

（3）操作频率

胸外按压应以均匀速度进行，每分钟 80 次左右，每次按压与放松时间相等。

参 考 文 献

［1］ 严君国，张国全．农电工入门．北京：中国电力出版社，2008．

［2］ 武继茂，国智文．农电工操作技能图解．北京：中国电力出版社，2009．

［3］ 乔长君．变配电线路安装技术．北京：化学工业出版社，2010．

［4］ 乔长君．画说电工基本技能．北京：化学工业出版社，2016．

［5］ 乔长君．全彩图解电工基本技能．北京：中国电力出版社，2015．

化学工业出版社电气类图书推荐

书号	书 名	开本	装订	定价/元
19148	电气工程师手册(供配电)	16	平装	198
21527	实用电工速查速算手册	大32	精装	178
21727	节约用电实用技术手册	大32	精装	148
20260	实用电子及晶闸管电路速查速算手册	大32	精装	98
22597	装修电工实用技术手册	大32	平装	88
18334	实用继电保护及二次回路速查速算手册	大32	精装	98
25618	实用变频器、软启动器及PLC实用技术手册(简装版)	大32	平装	39
19705	高压电工上岗应试读本	大32	平装	49
22417	低压电工上岗应试读本	大32	平装	49
20493	电工手册——基础卷	大32	平装	58
21160	电工手册——工矿用电卷	大32	平装	68
20720	电工手册——变压器卷	大32	平装	58
20984	电工手册——电动机卷	大32	平装	88
21416	电工手册——高低压电器卷	大32	平装	88
23123	电气二次回路识图(第二版)	B5	平装	48
22018	电子制作基础与实践	16	平装	46
22213	家电维修快捷入门	16	平装	49
20377	小家电维修快捷入门	16	平装	48
19710	电机修理计算与应用	大32	平装	68
20628	电气设备故障诊断与维修手册	16	精装	88
21760	电气工程制图与识图	16	平装	49
21875	西门子S7-300PLC编程入门及工程实践	16	平装	58
18786	让单片机更好玩:零基础学用51单片机	16	平装	88
21529	水电工问答	大32	平装	38
21544	农村电工问答	大32	平装	38

书号	书　名	开本	装订	定价/元
22241	装饰装修电工问答	大 32	平装	36
21387	建筑电工问答	大 32	平装	36
21928	电动机修理问答	大 32	平装	39
21921	低压电工问答	大 32	平装	38
21700	维修电工问答	大 32	平装	48
22240	高压电工问答	大 32	平装	48
12313	电厂实用技术读本系列——汽轮机运行及事故处理	16	平装	58
13552	电厂实用技术读本系列——电气运行及事故处理	16	平装	58
13781	电厂实用技术读本系列——化学运行及事故处理	16	平装	58
14428	电厂实用技术读本系列——热工仪表及自动控制系统	16	平装	48
17357	电厂实用技术读本系列——锅炉运行及事故处理	16	平装	59
14807	农村电工速查速算手册	大 32	平装	49
14725	电气设备倒闸操作与事故处理 700 问	大 32	平装	48
15374	柴油发电机组实用技术技能	16	平装	78
15431	中小型变压器使用与维护手册	B5	精装	88
16590	常用电气控制电路 300 例(第二版)	16	平装	48
15985	电力拖动自动控制系统	16	平装	39
15777	高低压电器维修技术手册	大 32	精装	98
15836	实用输配电速查速算手册	大 32	精装	58
16031	实用电动机速查速算手册	大 32	精装	78
16346	实用高低压电器速查速算手册	大 32	精装	68
16450	实用变压器速查速算手册	大 32	精装	58
16883	实用电工材料速查手册	大 32	精装	78
17228	实用水泵、风机和起重机速查速算手册	大 32	精装	58

书号	书　名	开本	装订	定价/元
18545	图表轻松学电工丛书——电工基本技能	16	平装	49
18200	图表轻松学电工丛书——变压器使用与维修	16	平装	48
18052	图表轻松学电工丛书——电动机使用与维修	16	平装	48
18198	图表轻松学电工丛书——低压电器使用与维护	16	平装	48
18943	电气安全技术及事故案例分析	大32	平装	58
18450	电动机控制电路识图一看就懂	16	平装	59
16151	实用电工技术问答详解(上册)	大32	平装	58
16802	实用电工技术问答详解(下册)	大32	平装	48
17469	学会电工技术就这么容易	大32	平装	29
17468	学会电工识图就这么容易	大32	平装	29
15314	维修电工操作技能手册	大32	平装	49
17706	维修电工技师手册	大32	平装	58
16804	低压电器与电气控制技术问答	大32	平装	39
20806	电机与变压器维修技术问答	大32	平装	39
19801	图解家装电工技能100例	16	平装	39
19532	图解维修电工技能100例	16	平装	48
20463	图解电工安装技能100例	16	平装	48
20970	图解水电工技能100例	16	平装	48
20024	电机绕组布线接线彩色图册(第二版)	大32	平装	68
20239	电气设备选择与计算实例	16	平装	48
21702	变压器维修技术	16	平装	49
21824	太阳能光伏发电系统及其应用(第二版)	16	平装	58
23556	怎样看懂电气图	16	平装	39
23328	电工必备数据大全	16	平装	78
23469	电工控制电路图集(精华本)	16	平装	88
24169	电子电路图集(精华本)	16	平装	88
24306	电工工长手册	16	平装	68

书号	书　名	开本	装订	定价/元
23324	内燃发电机组技术手册	16	平装	188
24795	电机绕组端面模拟彩图总集(第一分册)	大32	平装	88
24844	电机绕组端面模拟彩图总集(第二分册)	大32	平装	68
25054	电机绕组端面模拟彩图总集(第三分册)	大32	平装	68
25053	电机绕组端面模拟彩图总集(第四分册)	大32	平装	68
25894	袖珍电工技能手册	大64	精装	48
25650	电工技术600问	大32	平装	68
25674	电子制作128例	大32	平装	48
29117	电工电路布线接线一学就会	16	平装	68
28158	电工技能现场全能通(入门篇)	16	平装	58
28615	电工技能现场全能通(提高篇)	16	平装	58
28729	电工技能现场全能通(精通篇)	16	平装	58
27253	电工基础	16	平装	48
27146	维修电工	16	平装	48
28754	电工技能	16	平装	48
27870	图解家装电工快捷入门	大32	平装	28
27878	图解水电工快捷入门	大32	平装	28

以上图书由**化学工业出版社　机械电气出版中心**出版。如要以上图书的内容简介和详细目录，或者更多的专业图书信息，请登录 www.cip.com.cn。

地址：北京市东城区青年湖南街13号　(100011)

购书咨询：010-64518888

如要出版新著，请与编辑联系。

编辑电话：010-64519265

投稿邮箱：gmr9825@163.com